Monika Mansour

111 Pferde,
die man
kennen
muss

emons:

Bibliografische Information der Deutschen Nationalbibliothek
Die Deutsche Nationalbibliothek verzeichnet diese Publikation
in der Deutschen Nationalbibliografie; detaillierte bibliografische
Daten sind im Internet über http://dnb.d-nb.de abrufbar.

© Emons Verlag GmbH
Alle Rechte vorbehalten
© der Fotografien: siehe Seite 238–239
© Covermotiv: shutterstock.com/Anastasija Popova, Grigorita Ko, Eric Isselee,
Mega Pixe, Zuzule, Callipso, Kwadrat, AlexRoz
Layout: Eva Kraskes, nach einem Konzept
von Lübbeke | Naumann | Thoben
Druck und Bindung: CPI – Clausen & Bosse, Leck
Printed in Germany 2018
ISBN 978-3-7408-0444-2
Originalausgabe

Unser Newsletter informiert Sie
regelmäßig über Neues von emons:
Kostenlos bestellen unter
www.emons-verlag.de

Vorwort

Mein erstes Pferd war ein Hund. Mit kindlicher Phantasie habe ich auf der Kuhweide einen Springparcours aufgestellt, den mein Hund fehlerfrei übersprang. Mein zweites Pferd war ein Kalb. Das war wesentlich schwieriger zu dressieren, konnte aber auf Kommando antraben. Da mein Vater befürchtete, dass ich bald eine Kuh satteln würde, durfte ich mit neun Jahren endlich Reitstunden nehmen. Chica lehrte mich das Geradesitzen, River Girl das Leichttraben und Artos die Bruchlandung. Mit zwölf hatte ich meine Eltern so weit bearbeitet, dass ich ein eigenes Pferd bekam. Osiris war eine sechsjährige Schweizer Warmblutstute mit ganz schön viel Temperament. Wanderritte wurden zu meiner Passion. Zudem brachte ich es bis zur Schweizer Meisterschaft im Voltigieren. 1990 gebar Osiris ein Hengstfohlen, Gino. Gemeinsam durchliefen wir die Pubertät und sollten erwachsen werden – *sollten*, irgendwie blieben wir beide Kindsköpfe. Gino war mein bester Freund und eine treue Seele.

Als Pferdenärrin dieses Buch schreiben zu dürfen war pure Leidenschaft und für mich wie eine Reise durch Zeit und Raum. Ich habe Unglaubliches entdeckt, oft gelacht, viel geweint und mitgelitten mit den Schicksalen dieser faszinierenden Tiere.

Die Recherchen waren eine Herausforderung. Als Krimiautorin darf ich der Phantasie freien Lauf lassen, aber hier mussten die Fakten stimmen. Sollte sich doch ein Fehler eingeschlichen haben, nehme ich das auf meine Kappe. Ich möchte mich auch ganz herzlich bei den Fotografen bedanken, die dazu beigetragen haben, meinem Buch visuell Leben einzuhauchen. Es war nicht immer einfach, die richtigen Bilder zu finden. Der Griff zum Symbolbild ließ sich manchmal nicht vermeiden, die Fotografie gab es vor 3.000 Jahren schließlich noch nicht.

Jetzt wünsche ich meinen Lesern viel Freude beim Kennenlernen meiner 111 Pferdepersönlichkeiten!

111 Pferde

1 Aiken Cura

Wiedergeburt eines Poloponys

Geht es hier um Tiere oder Science-Fiction? Diese Frage kann man sich gleich bei der ersten Pferdepersönlichkeit stellen: Aiken Cura – oder Aiken Cura e01 oder Aiken Cura e02?

Eigentlich geht es um Polo, eine Teamsportart, die bereits um 600 vor Christus in Persien gespielt wurde und welche die Engländer während der Kolonialzeit in Indien nach Europa brachten. Spitzenspieler und -pferde kommen heute meist aus Argentinien. Da die Sportart für die Pferde sehr anstrengend ist, verpflichtet sich jeder Reiter, mit mehreren Tieren an den Start zu gehen. Der Star unter den Polospielern ist der gut aussehende Argentinier Adolfo Cambiaso. Eines seiner besten Poloponys war der 1995 geborene braune Hengst Aiken Cura. Während eines Finalspiels 2006 aber nahm das Drama seinen Lauf: Ein Poloschläger zerschmetterte Aiken Cura das Vorderbein. Cambiaso warf wütend seine Mütze zu Boden und rief: »Rettet mir dieses eine Pferd!«

Monatelang kämpften die Ärzte um Aiken Curas Leben, das Bein wurde amputiert und eine Prothese angefertigt. Es half nichts. Am 17. Februar 2007 erlöste Cambiaso den Hengst endlich von seinen Qualen.

Doch Cambiaso konnte mit Niederlagen schlecht umgehen und kontaktierte den texanischen Ölmagnaten Alan Meeker, der in seinen Labors an der Technik des Klonens arbeitete. Jahre später wurde der verstorbene Hengst als Aiken Cura e01 wiedergeboren. Wie viele Versionen von ihm mittlerweile über die Weiden Argentiniens galoppieren, ist nicht bekannt. Es heißt, Cambiaso habe über 100 Klone seiner besten Polopferde erschaffen lassen.

Nirgendwo im Sport werden so viele Klonpferde eingesetzt wie im Polo. Ob in 20 Jahren noch jemand Polospiele sehen will, wenn jedes Team auf identischen Pferden antritt? Und was, wenn in 100 Jahren auch noch geklonte Reiter im Sattel sitzen? Science-Fiction um jeden Preis? Wollen wir das wirklich sehen?

2 American Pharoah

Ein Pharao auf amerikanischem Rennrasen

Ahmed Zayat, ein US-Bürger mit ägyptischen Wurzeln und erfolgreicher Unternehmer, pokerte auch beim Rückkauf seines eigenen Hengstfohlens American Pharoah hoch. Da nicht die gewünschte Summe von einer Million auf der Jährlingsauktion erzielt wurde, ließ Zayat ihn durch einen Agenten aufkaufen. Er gab den jungen Hengst in die Hände von Trainer Bob Baffert, um ihn auf eine Rennkarriere vorzubereiten. Junge Vollbluthengste sind in der Regel alles andere als nett und freundlich zu Menschen. Nicht so Pharoah – er war schon fast ein sanftes Schmusepferdchen. Sein Kämpferherz zeigte er lieber auf der Rennbahn – und wie. Pharoah lief und lief und schaffte 2015, was seit 1978 keinem Rennpferd mehr gelungen war: Er gewann die US Triple Crown – drei Rennen innerhalb von fünf Wochen: das Kentucky Derby, das Preakness Stakes in Maryland und das Belmont Stakes in New York.

Nach dieser Glanzleistung lächelte auch niemand mehr über den falsch geschriebenen Namen. Zayat beschuldigte erst den Jockey Club, wo Vollblutpferde in den USA registriert werden, wegen des Schreibfehlers, doch es stellte sich heraus, dass Zayats Sohn in den Sozialen Medien einen Namenswettbewerb lanciert hatte. Der Gewinnername wurde direkt aus der Mail an den Jockey Club weitergeleitet, ohne dass man den Fehler bemerkte.

Ein weiteres Merkmal von Pharoah ist sein sehr kurzer Schweif. Der Übeltäter war wohl sein Weidekumpel Mr. Z, der sich einen Spaß daraus machte, Pharoahs Schweif abzuknabbern. Doch mit einem Grinsen hält Baffert eine weitere Erklärung bereit: Angeblich wurde der braune Hengst auf der Weide von einem Berglöwen gejagt, doch näher als bis zu seinem Schweif kam die Raubkatze nicht an ihn heran.

2015 verabschiedete sich Pharoah vom Sport und beglückt nun für 200.000 Dollar pro Date Stuten auf der ganzen Welt. Wahrlich ein weiteres gutes Geschäft für den erfolgreichen Unternehmer Zayat …

3__ Artax

Verlorene Kindheit in den Sümpfen der Traurigkeit

Eine der berührendsten Pferdefilmszenen ist der tragische Tod des Schimmels Artax in den Sümpfen der Traurigkeit.

Michael Ende hat mit »Die unendliche Geschichte« eines der bis heute erfolgreichsten Jugendbücher geschrieben und die Romanvorlage für den gleichnamigen Film geliefert, der 1984 von Wolfgang Petersen verfilmt wurde. »Die unendliche Geschichte« hat eine ganze Generation geprägt. Viele junge Kinobesucher haben damals in diesen trostlosen Sümpfen einen Teil ihrer Kindheit verloren, zum ersten Mal im Leben konfrontiert mit dem bösen, alles verschlingenden »Nichts«.

Die Geschichte handelt von dem gemobbten Jungen Bastian, der auf dem Dachboden in einem alten Buch liest. In der Erzählung soll der junge Held Atréju die Kindliche Kaiserin und das Land Phantásien vor dem Nichts retten. Auf seinem Freund, dem Schimmel Artax, reitet Atréju durchs Land, sucht nach Antworten, stellt sich Herausforderungen, erlebt unglaubliche Abenteuer und trifft dabei auf den pelzigen weißen Glücksdrachen Fuchur. Nach einer langen Reise durch die schönsten, farbenprächtigsten Orte Phantásiens kommen Atréju und Artax auf der Suche nach der Uralten Morla zu den tödlichen Sümpfen der Traurigkeit. Sie waten durch grauen, knietiefen Morast, über dem gespenstische Nebelschwaden liegen, vorbei an abgestorbenen Baumskeletten, die wie Geisterarme aus dem Sumpf ragen. Wer an diesem schrecklichen Ort die Hoffnung aufgibt und die Traurigkeit über sich kommen lässt, wird in den Sümpfen versinken und den Tod finden.

Artax verfällt dieser Traurigkeit, bleibt stehen, während er immer tiefer im Morast versinkt. Verzweifelt ruft Atréju ihm zu, zerrt an den Zügeln, schreit, fleht und bettelt, bis nur noch der Kopf des Schimmels aus dem Sumpf ragt. Dann wird es dunkel auf der Leinwand. Artax ist verloren, und Atréju, Bastian und wir Kinder vergossen unendlich viele Tränen der Traurigkeit.

4 Athos von Mars

Von Wien nach Berlin – ein Ritt in den Tod

1892 wurde der Distanzritt geboren. Es war ein Wettstreit zwischen der deutschen und der österreichischen Kavallerie. Der sportliche Anlass sollte die neu verbündeten Heere zusammenschweißen, dabei ritten die Wiener nach Berlin und die Preußen nach Wien, auf einer Strecke von rund 570 Kilometern. Über 200 Reiter stiegen in die Sättel. Auf die Gesundheit der Pferde nahmen die Teilnehmer wenig Rücksicht, es ging einzig um reiterliches Können, Siegeswillen und Ehre. Auch das hohe Preisgeld von über 20.000 Mark für den Sieger und viele weitere verlockende Preise ließen das Wohl der Tiere vergessen. Bei heutigen Distanzritten werden die Pferde zwischen den Etappen tierärztlich untersucht, damals waren Reittempo, Ruhepausen und die Wahl der Route den Reitern überlassen.

Diesen ersten Distanzritt gewann der österreichische Oberleutnant Wilhelm Graf Starhemberg auf seinem neunjährigen schwarzbraunen Wallach Athos von Mars, einem englisch-ungarischen Halbblut.

Als Vierjähriger sollte er Hindernisrennen laufen, verweigerte aber regelmäßig und kam nie ins Ziel. Das widerspenstige Springpferd nutzte man schließlich als ein verlässliches Front- und Gebrauchspferd in der Armee. Athos war ausdauernd, hart im Nehmen und besaß die besten Voraussetzungen für den langen Ritt. Er legte unter Starhemberg die 570 Kilometer in einer Gesamtzeit von nur 71 Stunden und 26 Minuten zurück, wovon ihm sein Reiter nur elf Stunden Ruhezeit gönnte! Der zähe Wallach lief für Starhemberg in den Tod. Nur wenige Tage nach dem Zieleinlauf verendete er an totaler Erschöpfung.

Auch die zweitplatzierte Stute Lippspringe überlebte den Ritt nicht. Sie torkelte ins Ziel und brach zusammen. Da half auch das in Cognac getränkte Brot nicht, dass der deutsche Reiter Leutnant Reitzenstein ihr kurz vor dem Ziel noch zu fressen gab.

E. von Naundorff dokumentierte diesen Metzelritt in seinem Buch »Der Große Distanzritt Berlin–Wien im Jahre 1892«, das noch heute als Nachdruck erhältlich ist.

5 Babieca

Der Hengst, der ein Heer zum Sieg führte

El Cid, alias Rodrigo Díaz de Vivar, wird heute als spanischer Nationalheld gefeiert. Er ist eine Legende, seine Geschichte aufgeschrieben und verfilmt. Doch wie bei vielen Legenden verschmelzen auch bei ihm Fiktion und Realität.

Um 1050 geboren, wuchs er als Halbwaise am spanischen Hof auf und begann seine militärische Karriere als Bannerträger, bis er beim König in Ungnade fiel. Als Söldner kämpfte er daraufhin für den maurischen Fürsten in Saragossa und stieg zu einem gefürchteten Raubritter auf. El Cid galt als herausragender Stratege in psychologischer Kriegsführung. Sein Kampfgeist ließ ihn Valencia für sich erobern. Bis zu seinem Tode 1099 führte er die Stadt mit harter Hand.

Historisch belegt ist die Existenz von Babieca, El Cids Kriegsross, ein weißer Andalusierhengst, stark, mutig und intelligent. Babieca war schon zu Lebzeiten legendär und ein gefürchtetes Schlachtross. Entdeckt hatte ihn El Cid als Jugendlicher, als er bei seinem Patenonkel, einem Mönch, aus dessen Pferdezucht ein Fohlen aussuchen durfte. El Cid wählte ein graues, unförmiges und mickriges Hengstfohlen. Der Mönch soll entsetzt »Babieca!« ausgerufen haben, was so viel wie »dumm« oder »geistlos« bedeutet. Doch das geistlose Pferd mauserte sich zu einem Prachtross und diente El Cid noch über dessen Tod hinaus.

Beim Einfall der Berber in Valencia tödlich verwundet, ordnete El Cid auf dem Totenbett an, seinen Leichnam in voller Rüstung auf den Hengst zu schnallen, mit erhobenem Arm, sein Schwert in der Hand. So führte Babieca selbstständig die letzte Schlacht um Valencia gegen die Berber an, seinen leblosen Reiter auf dem Rücken tragend. Die Gegner waren über die wundersame Wiederauferstehung El Cids verunsichert und verloren gegen die beflügelten Spanier. Nach dieser Schlacht wurde der Hengst nie mehr gesattelt und starb zwei Jahre später im Alter von 40 Jahren.

Anthony Mann drehte 1961 den bekannten monumentalen Historienfilm »El Cid«. In den Hauptrollen spielen Charlton Heston als Rodrigo Díaz de Vivar und Sophia Loren als seine Ehefrau Jimena.

6 _ Bamboo Harvester
Eine Diva von Kopf bis Huf

»A horse is a horse, of course, of course, and no one can talk to a horse, of course. That is, of course, unless the horse is the famous Mister Ed.« So singt Bamboo Harvester alias Mister Ed sein Intro in den 143 Episoden der von 1960 bis 1965 in Schwarz-Weiß gedrehten gleichnamigen Fernsehserie. Das sprechende Pferd war ein echter Hollywoodstar und gewann 1963 einen Golden Globe für die beste Fernsehshow.

Doch wer war Bamboo Harvester? 1949 in Kalifornien geboren, begann unter Trainer Les Hilton seine Karriere als Show- und Paradepferd. Für die Besetzung als Mister Ed war Bamboo Harvester nur die zweite Wahl. Doch der Wallach besaß alles, was ein Hollywoodstar braucht. Der Palomino mit der breiten Blesse hatte Charisma, war witzig und relaxed, temperamentvoll und mutig, konnte sich teilweise aber extrem dickköpfig und herrisch benehmen. Wenn er an einem Drehtag genug hatte, lief er mitten in der Szene davon, und nichts brachte ihn mehr zurück ans Set. Wie es sich für eine echte Diva gehört, bekam er ein Stunt-Double. Das Quarter Horse Pumpkin sah ihm zum Verwechseln ähnlich und wurde oft für Fotoaufnahmen oder Außenszenen eingesetzt, um Bamboo Harvester zu schonen.

Berühmt wurde das Pferd vor allem wegen seines Sprachtalents. Wie auf Kommando bewegte es die Oberlippe beim Sprechen. In Zeiten, wo keine Computerprogramme die Aufnahmen bearbeiteten, war das eine Sensation. Ob nun Erdnussbutter im Maul oder doch eher ein Bindfaden dafür verantwortlich war, darüber wird spekuliert. Tatsache ist: Ohne seinen Trainer Hilton kam am Set kein Wort über Bamboo Harvesters Lippen.

Wie oft nach dem Tod eines Stars machten Verschwörungstheorien über sein Ableben die Runde. Wurde Bamboo Harvester 1970 eingeschläfert und weiterhin von Pumpkin für Fotografien vertreten? Oder verstarb er leise im hohen Alter auf einer saftig grünen Weide in Oklahoma?

Wilbur Post: »Was willst du denn mit diesem Strohhut?«
Mister Ed: »Ich trage ihn, bis er aus der Mode kommt. Dann fresse ich ihn auf!«

7 __ Bayard

Dem Menschen ergeben – vom Menschen verraten

Beim Bayardfelsen, der wie ein mächtiger Monolith mit einer tiefen Kerbe im belgischen Dinant am rechten Maasufer aus dem Boden ragt, spielt die Legende um ein riesiges Pferd mit magischen Kräften. Ob nun französische Soldaten aus dem Invasionsheer Ludwigs XIV. sich den Durchgang in den Felsen sprengten oder ein kräftiger Huftritt Bayards den Felsen entzweite, sei dahingestellt.

Die Sage um das Wunderpferd handelt von Mut, Ergebenheit und Verrat. Die Überlieferung erzählt die Geschichte der vier Söhne von Haimon, dem Herrn von Dendermonde, dessen Frau die Schwester von Karl dem Großen war. Der älteste Sohn, Renaud, bändigte nach langem Kampf das riesige Pferd Bayard, welches ihm danach treu ergeben war. Es besaß magische Kräfte und konnte sich bei Bedarf verlängern.

Bei einem Fest am Hofe Karls des Großen kam es zu einem Streit zwischen Renaud und Karls Vetter Ludwig. Der Kampf endete tödlich für Ludwig, und die vier Brüder mussten auf Bayard vor den Mannen Karls des Großen fliehen. Auf der Flucht schlug Bayard ebendiese Kerbe in den Felsen. Die Haimonskinder entkamen dank Bayard und hielten sich versteckt. Jedoch nahmen die Soldaten ihren Vater gefangen und erpressten die Brüder. Er sollte nur gegen Bayards Tod freigelassen werden.

Schweren Herzens lieferte Renaud sein Pferd an der Mündung von Dender und Schelde Karls Soldaten aus. Mit einem Mühlstein um den Hals gebunden, stürzten sie Bayard in den Fluss. Das Wunderpferd konnte sich jedoch befreien, schwamm ans Ufer und galoppierte zurück zu seinem Herrn. Doch Renaud fühlte sich verraten. Sein Wort war gebrochen worden. Daher wandte er sich wütend von Bayard ab und übergab den Hengst voller Verachtung erneut den Soldaten. Diese warfen Bayard ein zweites Mal ins Wasser. Aus Trauer über den Verrat seines Herrn, dem er treu gedient hatte, ließ sich Bayard auf den Grund des Flusses sinken und ertrank.

Der Festumzug »Ross Bayard«, ein UNESCO-Weltkulturerbe, findet alle zehn Jahre in Dendermonde in Ostflandern statt. Voraussichtlich im Mai 2020 wird es wieder so weit sein.

8__ Beautiful Jim Key
Der ehemalige Sklave und sein Showpferd

Beautiful Jim Key war der Einstein unter den Pferden. Mim Eichler Rivas brachte seine Geschichte 2005 im Buch »Beautiful Jim Key« heraus, welches mit Morgan Freeman verfilmt wird und 2019 in die Kinos kommen soll. Doch was machte den Zauber dieses Pferdes aus, dessen Show die Massen von Atlantic City bis Chicago begeisterte und in New York den Madison Square Garden füllte? Selbst Präsident McKinley war vom Talent des Pferdes überzeugt.

»Dr.« William Key, 1833 als Sklave geboren, diente als freier Mann im Bürgerkrieg und kaufte danach die Farm seines gefallenen Masters auf. 1889 kam Jim dort als kränkliches Fohlen zur Welt. Doc Key, der sich die Tiermedizin selber aneignete, zog ihn auf. Aus dem hässlichen Fohlen wurde ein stattliches Pferd. Doc Key vertrat die Meinung, dass man mit Liebe und Geduld bei einem Tier alles erreichen konnte. Er schlug Jim nie, sondern trainierte ihn mit viel Einfühlungsvermögen. Nach sieben Jahren konnte Jim scheinbar lesen, buchstabieren, Geldnoten erkennen und einfache Rechenaufgaben lösen.

1897 gab Jim in Nashville sein Debüt als schlaustes Pferd der Welt. Die Menschen jubelten ihm zu. Bis 1906 waren Doc Key und Jim auf Tournee und erreichten Weltruhm. Über zehn Millionen Amerikaner sollen die Show gesehen haben, und es gab keine Zeitung, die nicht über die beiden berichtete. Einen Namen machte sich auch Jims persönlicher Bodyguard Monk, der entweder auf Jims Kruppe saß oder neben ihm wachte. Der kleine Streunerhund ließ keinen Fotografen auch nur in die Nähe seines Schützlings – es sei denn, er durfte mit aufs Bild.

Doc Key war damals der mit Abstand berühmteste Afroamerikaner und trug viel zur Gleichberechtigung der Schwarzen bei. 1906 zog er sich mit Jim aus der Öffentlichkeit zurück. Drei Jahre später verstarb Doc Key im Alter von 76 Jahren. Jim folgte ihm 1912, als er an einem kalten Herbsttag friedlich einschlief.

The Story of
Beautiful
Jim Key

The Arabian Hambletonian Educated Horse
——*Valued at $100,000.00*——

The Most Wonderful
Horse in all the world

9 Betsy

Eine Therapiesitzung der anderen Art

Im Jahr 2004 bekam Rupert Isaacson von den Ärzten die schreckliche Diagnose: Sein zweijähriger Sohn Rowan litt an Autismus. Das Leben wurde zur Zerreißprobe, Rowan immer schwieriger im Umgang. Isaacson gab sein geliebtes Hobby, das Reiten, auf, um für seinen Sohn da zu sein, fuhr ihn zu Therapiesitzungen, die nicht halfen. Rowan war hyperaktiv, hatte Schreiattacken, nicht enden wollende Tobsuchtsanfälle und wurde unkontrollierbar.

Eines Tages, Isaacson war mit Rowan im Wald unterwegs, rannte sein Sohn plötzlich durchs Dickicht auf eine Pferdeweide zu, kroch unter dem Zaun hindurch und warf sich direkt vor der Leitstute Betsy wild tobend ins Gras. Isaacson bekam den Schreck seines Lebens. Er kannte die Stute. Sie war gut zu reiten, aber in der Herde herrisch und gnadenlos zu anderen Pferden. Jetzt lag Rowan nur Zentimeter von ihren harten Hufen entfernt im Gras. Und dann geschah das Wunder: Betsy senkte den Kopf und ergab sich dem Kind.

Die erste Reitstunde auf Betsy schien zur Katastrophe auszuarten, noch bevor Rowan auf ihrem Rücken saß. Isaacson sattelte die braune Stute, während der Junge schreiend herumtobte, die Katzen jagte, Gegenstände zu Boden schmiss, seine Spielzeuge nach Betsy warf und sie am Schweif und an den Lippen zog – doch die Stute stand regungslos im Stall, bewegte keinen Muskel. Kaum setzte sich Isaacson mit seinem Sohn auf Betsys Rücken, geschah etwas Unerwartetes: Rowan entspannte sich und lachte, er war glücklich und sprach Worte, die er noch nie gesagt hatte. Das war der Beginn der wunderbaren Geschichte, wie ein Pferd den Zugang zu einem autistischen Kind fand. Isaacson schrieb seine Erfahrung in dem Buch »The Horse Boy: A Father's Miraculous Journey to Heal His Son« nieder, um auch anderen Eltern mit autistischen Kindern Mut zu machen. Manchmal sind Tiere tatsächlich die besseren Therapeuten.

Die »Horse Boy Foundation« hilft Familien mit autistischen Kindern. Sie bietet Unterstützung durch Pferde- und Bewegungstherapie und liefert allgemeine Hilfe und Antworten zum Thema (www.horseboyfoundation.org).

10   Black Beauty
Das Schicksal eines Gebrauchspferdes

Anna Sewell schrieb in ihrem Leben nur einen einzigen Roman: »Black Beauty: The Autobiography of a Horse«. Dieses eine Buch traf den Nerv der Zeit und ist und bleibt ein Klassiker der Jugendliteratur. 1877 wurde die traurige Geschichte des schwarzen Hengstes zum ersten Mal veröffentlicht. 1891 erschien die deutsche Übersetzung unter dem Titel: »Schön Schwarzhärchen«. In dem Buch erzählt Black Beauty aus seiner Sicht, wie er als Fohlen eine glückliche Zeit erlebte. Dann wird er verkauft, und sein persönliches Drama beginnt. Immer weiter dreht sich die Schicksalsspirale abwärts, immer brutaler werden seine neuen Besitzer. Geschunden und gequält muss er miterleben, wie die Stute Ginger, seine beste Freundin, das traurige Leben als Gebrauchspferd nicht mehr erträgt und zugrunde geht.

Sewell war mit ihren Gedanken Pionierin des Tierschutzes. Doch das Buch zeigte kurz nach Erscheinen kaum Wirkung, obwohl es auf das gequälte Leben Tausender Arbeitspferde aufmerksam machen sollte. Erst Anfang des 20. Jahrhunderts entwickelten sich die ersten Tierschutzbewegungen. Parallel zu dem traurigen Pferdeschicksal sollte der Roman aber auch auf die widrigen Lebensumstände der arbeitenden Bevölkerung aufmerksam machen.

1921 wurde das Pferdemartyrium zum ersten Mal in einem Stummfilm verfilmt, danach folgten viele weitere Produktionen. Der wohl berühmteste Film erschien 1946 mit dem Filmpferd Highland Dale, welches auch Fury spielte und zudem in den Western »Giganten« und »Lone Star« zu sehen ist.

Doch so traurig Black Beauty sein Leben auch schildert, so ist zumindest das Ende des Buches versöhnlich, als er wieder einmal verkauft wird. Ein kleiner Junge überredet seinen Großvater, das verwahrloste Pferd zu erwerben. Der schwarze Hengst kommt zurück zu seinem einstigen Stalljungen und erhält sein Gnadenbrot auf den saftigen Weiden seiner Kindheit.

11 Bluecifer

Apokalyptischer Mustang am Denver Airport

Sein offizieller Name ist »Blue Mustang«, doch die Einheimischen nennen ihn Bluecifer. Die Skulptur des dämonischen Broncos lässt einem beim Landeanflug auf den Denver International Airport das Blut in den Adern gefrieren. Seine kobaltblaue Farbe, die rot glühenden Augen und der wütende Gesichtsausdruck machen Angst. Die fast zehn Meter hohe Statue des steigenden Hengstes wiegt über vier Tonnen; ihre Hülle besteht aus Fiberglas, das innen mit Stahlarmaturen verstärkt ist.

Vom Künstler Luis Jiménez geschaffen und 2008 installiert, sollte der Blaue Mustang den Spirit vom Wilden Westen widerspiegeln, doch es wird gemunkelt, die Statue stehe sinnbildlich für Täuschung, Zerstörung und Tod, Bluecifer sei aus der Hölle entsprungen, sei ein Teufelspferd und bringe Tod und Verderben. Nicht ohne Grund kursieren diese Gerüchte. Noch vor seiner Enthüllung wurde Bluecifer zum Mörder. Sein Erschaffer Jiménez starb 2006 im Alter von 65 Jahren in seiner Arbeitshalle, als der Kopf des Pferdes sich löste, herunterfiel und die Beinarterie des Künstlers durchtrennte. Seit jenem Tag ist Bluecifer verflucht. Aber nicht nur das: Verschwörungstheorien ranken sich um den Bau des Flughafens Denver und dessen geheimnisvollen Untergrund, der fünf Stockwerke in den Boden hinabführt und als Zufluchtsbunker der Elite im Falle eines Weltuntergangs dienen soll. Dass Bluecifer auch die vier Reiter der Apokalypse repräsentiert, ist da naheliegend. Die Diskussionen wurden weiter angeheizt, als man 2010 vorübergehend auch noch eine gewaltige Anubis-Statue aufstellte. Der ägyptische Gott des Todes starrte direkt durch die Glasfassade ins Flughafengebäude.

Obwohl Bluecifer als böses Omen gilt, sind Petitionen, ihn zu entfernen, fehlgeschlagen, und so wacht der Mustang mit seinen roten Teufelsaugen weiterhin über jeden Start und jede Landung auf dem Denver International Airport.

12__Bright Angel
Die gute Seele des Grand Canyons

Als gutmütiger Esel mit einem großen Herzen für Kinder, so wird Brighty beschrieben. Sein richtiger Name war Bright Angel nach dem Bright Angel Trail, der in den Grand Canyon hinabführt. Dort wurde der Esel Ende des 19. Jahrhunderts herrenlos entdeckt, beladen mit der Ausrüstung zweier Männer, von denen jede Spur fehlte. Die Männer waren auf der Suche nach einem vermissten Mann. Man nahm an, dass sie bei dem Versuch, den Colorado River zu überqueren, selbst vom wilden Wasser mitgerissen wurden.

Brighty war von nun an freies Mitglied einer Gemeinde am Grand Canyon. Im Sommer trug er geduldig Wasser von den Quellen zu den Touristencamps oder ließ die Kinder auf seinem Rücken reiten. Er war niemandes Eigentum und lebte viele glückliche Jahre im Canyon. Brighty überquerte als Erster die neue Hängebrücke über den Colorado River, und er soll Präsident Theodore Roosevelt auf der Jagd nach Berglöwen begleitet haben.

Doch Brightys Glück währte nicht ewig. Ein Schurke aus Arizona war mit seinem Diebesgut auf der Flucht durch den Canyon und traf auf Brighty. Er entführte den gutmütigen Esel und nutzte ihn als Lasttier. Doch der Winter setzte bereits ein, und ein schrecklicher Schneesturm zwang den Dieb, mit Brighty Unterschlupf in einer verlassenen Hütte zu suchen. Kurz darauf stieß ein weiterer verirrter Mann zu ihnen. Das Unwetter nahm kein Ende, und die Männer hungerten. Nach wenigen Tagen schon töteten sie den armen Brighty und aßen sein Fleisch, um zu überleben. Kaum verzog sich der Sturm, flüchtete der Dieb aus der Hütte. Er konnte nie gefasst werden.

Marguerite Henry schrieb 1953 Brightys Geschichte nieder und veröffentlichte sie als Kinderbuch, welches 1967 verfilmt wurde. Heute steht in der Lobby der Grand Canyon Lodge am Bright Angel Point eine Bronzestatue von Brighty, damit sein sanftes Wesen und großes Herz nie vergessen werden.

Adresse Bright Angel Lodge, 9 North Village Loop Drive, Grand Canyon, AZ 86023, USA, www.grandcanyonlodges.com

13__Brumby

Ein großer Brauner auf Raubzug

Er verfolgte die Herde wie ein Geist und beobachtete das Lager aus der Ferne. Die Stockmen spürten seine Anwesenheit, spürten sie an den aufgebrachten Stuten, die mit geblähten Nüstern unruhig die Köpfe hoben. Zu sehen bekamen sie den Verfolger nur selten. Er war ein Hengst, ein großer Brauner, ein einsamer Wilder, der es auf die kleine Herde abgesehen hatte. Der Brumby war gekommen, um sich die Stuten zu holen.

Es war im Sommer 1994, als Ryan Morgan und seine Leute bei einem Viehtrieb, einem Cattle Drive, die 950 Rinder durch dürres Buschland im Outback Australiens Richtung Osten trieben. An die 20 Pferde liefen mit der Herde mit. Und der Brumby, der das Geschehen aus sicherer Distanz aufmerksam beäugte.

Brumbys sind verwilderte Pferde, die Nachkommen jener Tiere, die bei der Eroberung Australiens eingeführt und nach dem Goldrausch vergessen wurden. Ihren Namen haben sie von Sergeant James Brumby, der 1804 nach Tasmanien auswanderte und seine Pferde sich selbst überließ. Die Tiere sind ausdauernd, schnell und wendig und gelten als ungestüm und schwer zu zähmen. Australien hat heute die größte Wildpferdpopulation der Welt, und das wird zum Problem. Die Brumbys, ohne natürliche Feinde, vermehren sich rasch. Um ihren Bestand zu kontrollieren, werden sie oft gezielt und brutal abgeschossen, nicht selten vom Helikopter aus.

Der Brumbyhengst, der dem Viehtrieb mehrere Tage lang folgte, war einer jener wilden Nachkommen. Abends sperrten die Stockmen ihre Stuten und Wallache in eine Umzäunung und hofften, sie würde einer Attacke des Hengstes standhalten, der hinter Büschen lauerte. Dann setzten sie sich ans Lagerfeuer und rezitierten voller Inbrunst Gedichte von Banjo Paterson wie »Waltzing Matilda« oder eben »Brumby's Run«.

Der Hengst aber kam nie zu seinen Stuten und ist in den Weiten des Outbacks verschwunden.

»The traveller by the mountain track, may hear their hoofbeats pass, and catch a glimpse of brown and black, dim shadows in the grass. The eager stock horse pricks his ears, and lifts his head on high, in wild excitement when he hears, the Brumby mob go by.« *Auszug aus »Brumby's Run« von A. B. Banjo Paterson*

14 Bukephalos

Die Legende vom Ochsenkopf

Sie sind wahrhafte Ikonen der Antike: Alexander der Große von Makedonien, einer der größten Kriegsherren und Eroberer aller Zeiten, und sein mächtiges Streitross Bukephalos. Im Alter von 13 Jahren soll Alexander den riesigen schwarzen Hengst von seinem Vater König Philipp II. erhalten haben. Es ist nicht belegt, ob dem Pferd sein Name »Bukephalos«, was übersetzt »Ochsenkopf« bedeutet, wegen seines massigen Schädels mit der weißen Blesse oder seines sturen Charakters gegeben wurde. Das Pferd galt als unreitbar, und keiner traute dem jungen Alexander zu, den wilden Hengst zu zähmen. Doch der Legende nach erkannte Alexander, dass Bukephalos Angst vor dem eigenen Schatten hatte. Er stellte ihn der Sonne entgegen und schwang sich unter dem Jubel der Schaulustigen auf seinen Rücken.

Bukephalos trug Alexander unerschrocken und mutig in die Schlachten und legte auf den Eroberungszügen seines Königs weite Strecken zurück, von der Heimat, dem heutigen Griechenland, über Ägypten bis auf den indischen Subkontinent. Mehr als einmal rettete er seinem Reiter dabei das Leben.

Im Jahr 326 vor Christus kämpfte Alexander seine letzte Schlacht, bei welcher er nur mit großen Verlusten siegte. Am Hydaspes, im heutigen Pakistan, stand er dem indischen König Poros und dessen Truppen gegenüber. Wenn diese in der Anzahl auch leicht unterlegen waren, so hatten sie eine Waffe dabei, welche Alexanders Reiterheer scheute: Elefanten. Es gelang Alexander letztlich, die Elefanten in Panik zu versetzen und damit den Sieg zu erringen. Doch bei dieser Schlacht am Hydaspes wurde Bukephalos schwer verwundet und erlag kurz darauf seinen Verletzungen. Der Hengst war damals bereits 30 Jahre alt. In Erinnerung an seinen treuen Freund ließ Alexander im Norden der pakistanischen Provinz Punjab eine Stadt mit dem Namen Alexandreia Bukephalos errichten, das heutige Jhelam.

15 Burmese

Eine kanadische Rappstute für die Königin

Es ist kein Geheimnis, dass Queen Elisabeth II. Pferde liebt. Sie ist mit ihnen aufgewachsen und eine erfahrene Reiterin. Doch auch eine Königin hat ihren Liebling. Dies ist die Geschichte von Burmese, einer Stute, die heute auf Windsor Castle begraben liegt.

Burmese wurde 1962 in Saskatchewan in Kanada geboren. Ein mutiges, starkes Fohlen, pechschwarz, das schon bald in den Dienst der »Royal Canadian Mounted Police« (RCMP) trat. Die junge Stute mauserte sich zum Liebling der Rekruten, und bereits im Alter von fünf Jahren war sie die Leitstute bei den berittenen Musikparaden. 1969 bereitete sich die RCMP auf die »Royal Windsor Horse Show« in England vor, als sie vernahm, dass die Queen nach einem neuen Reitpferd Ausschau hielt. Die Kanadier schenkten ihrer Königin deshalb Burmese.

Elisabeth II. ritt die Rappstute 18 Jahre lang bei der Militärparade »Trooping the Colour«. Bekannt ist die Szene, als 1981 ein Jugendlicher sechs Schreckschüsse während der Parade abfeuerte. Burmese erschrak, doch die Königin konnte sie sofort parieren, die Stute beruhigen und weiterreiten, als wäre nichts geschehen. Berühmt ist auch das Foto, auf welchem die Queen auf Burmese einen Ausritt mit dem amerikanischen Präsidenten Ronald Reagan unternimmt. Immer wenn der Hof ihr etwas Freizeit gönnte und sie im königlichen Landhaus Zeit für einen Ausritt fand, ließ sie Burmese satteln. 1986 gönnte die Queen ihrem Pferd den verdienten Ruhestand auf den Weiden von Windsor Castle.

Die Stute wurde an den Paraden nie ersetzt, beschloss doch die Königin, von nun an in einer Kutsche zu fahren. Im Alter von 28 Jahren verstarb Burmese und wurde auf Windsor Castle beigesetzt – eine hohe Ehre für ein Pferd. Die Queen schenkte der RCMP zum Dank eine Bronzestatue von ihr auf Burmese. 2005 wurde die Statue in Saskatchewan enthüllt – damit Burmese nie in Vergessenheit gerät.

16__Byerley Turk

Stammvater der Galopper

Ein Turkmene? Oder doch ein Araber? Viel wird spekuliert über die Herkunft von Byerley Turk. Er gilt neben Godolphin Arabian und Darley Arabian als einer der drei Stammväter des heutigen englischen Vollbluts. Byerley Turk war der älteste der drei Vererber – und ein Pferd mit unbekannter Abstammung. Der dunkelbraune Hengst wurde etwa im Jahr 1679 geboren. Belegt ist, dass er 1690 sein einziges Pferderennen in Irland gewann und man ihn ab 1701 als Zuchthengst einsetzte. Doch woher kam das mutige, elegante und schnelle Pferd, das im Körperbau größer und länger war als der typische Araber?

1686 eroberte die Heilige Liga von Papst Innozenz XI. die ungarische Hauptstadt Ofen von den Osmanen zurück. Es war Captain Robert Byerley, der am Ende der Schlacht bei Buda einem türkischen Offizier seinen prächtigen Hengst abnahm. Für das Tier gab es keine Papiere und keinen Abstammungsnachweis. Man vermutete, dass der Hengst ein Araber war oder aber ein Turkmene mit den Genen eines Achal-Tekkiners. Der dunkle Hengst diente Byerley viele Jahre als Kavalleriepferd. Mehr als einmal soll er dank seiner Schnelligkeit dem Captain das Leben in einer Schlacht gerettet haben.

1692 heiratete Byerley und ließ sich auf dem englischen Gestüt Goldsborough Hall in North Yorkshire nieder. Sein treues Pferd durfte die letzten Jahre seines Lebens auf den saftigen Weiden als Zuchthengst genießen. Auch wenn er nur wenige Stuten mit einer wirklich guten Abstammung deckte, brachten seine Gene einige dunkle Fohlen hervor, die später das englische Vollblut prägen sollten. So zum Beispiel auch den 1758 in vierter Generation geborenen Hengst Herod, der nach seiner Rennkarriere eine der drei Blutlinien des modernen Rennpferdes gründete.

1706 starb Byerley Turk und wurde auf Goldsborough Hall beerdigt, doch sein Geist trägt noch heute die englischen Rennpferde zum Sieg.

17 Cavallino rampante

Ein steigendes Pferdchen mit viel PS

Cavallino rampante, das steigende Pferdchen, ist nicht zu übersehen, wenn der rote PS-Bolide einen röhrend auf der Autobahn überholt. Es fühlt sich an wie eine Herde wilder Mustangs, die an einem vorbeidonnert. Doch wie kam das Pferd auf die Rennwagen? Die Scuderia Ferrari hat ihr Logo-Pferdchen von einem Flieger-Ass übernommen, von Baron Francesco Baracca. Im Ersten Weltkrieg flog Baracca für die italienische Luftwaffe und avancierte nach seinem Tod zum Volkshelden.

Begonnen hatte seine militärische Karriere bei der italienischen Kavallerie, die ein steigendes Pferd im Wappen trug. Baracca ließ sich zum Piloten ausbilden. Die Fliegerei steckte damals noch in den Kinderschuhen. Er flog für die legendäre Jagdstaffel 91ª Squadriglia. Rasch bekam er vom Volk den Übernamen »Ritter der Lüfte«. Auf den Maschinen seiner Staffel ließ er das steigende Pferdchen seiner ehemaligen Kavallerieeinheit anbringen. Es kursieren jedoch Gerüchte, dass Baracca das Logo einem gefallenen deutschen Piloten abschaute, der das Wappen der Stadt Stuttgart auf seiner Maschine trug. Ebendieses Wappen fügte später Porsche in sein Logo ein.

Doch Baracca brachte sein Pferdchen kein Glück. Am 19. Juni 1918, nach 34 siegreichen Einsätzen, schossen die Österreicher ihn bei einem Tiefflug über dem Piave in Oberitalien ab.

Wie kam nun der Rennstallgründer Enzo Ferrari zu seinem Cavallino? Anscheinend traf er 1923 bei einem Autorennen in Ravenna auf die Mutter Baraccas, die ihrem Sohn zu Ehren Enzo Ferrari die Idee mit dem Wappen in den Kopf setzte. Im Rennen in Spa-Francorchamps 1932 galoppierte das Pferdchen dann zum ersten Mal auf einem Alfa Romeo für Ferrari über die Rennpiste. Ob nun der gelbe Hintergrund des Wappens wegen der Farben Modenas, der Heimatstadt Enzo Ferraris, oder wegen seiner Vorliebe für Sonnenblumen gewählt wurde, weiß wohl nur der Rennstallgründer selbst.

Adresse Museo Francesco Baracca, Via Baracca 65, 48022 Lugo, Italien. Baraccas Familienhaus in Lugo, südlich von Bologna, dient heute als Museum und erzählt seine Geschichte (www.museobaracca.it).

18__Chetak

Der Blaue Hengst Rajasthans

Er war der Hengst von Maharana Pratap, dem König von Rajputana in Nordwestindien, dem heutigen Rajasthan. Chetak wird ein unerschrockener Charakter nachgesagt, kämpferisch, ja fast aggressiv und arrogant. Einzig Pratap vermochte ihn zu reiten, und seinem Herrn war er loyal ergeben.

Chetak gehörte der Marwari-Rasse an, war eher klein, mit dem schlanken Körper eines Wüstenpferdes. Seine Brust war breit, und den Kopf trug er stets stolz erhoben. Markenzeichen der Marwari-Pferde sind die gebogenen Ohren, die sich in der Mitte über dem Kopf beinahe in Herzform berühren. Der Hengst wird heute noch das »Blaue Pferd« genannt, ob wegen einer Blaufärbung seines Fells oder einer blauen Decke, die er trug, ist nicht zweifelsfrei geklärt.

Die Schlacht von Haldighati am 21. Juni 1576 machte Chetak unsterblich. Prataps Heer war den Mongolen zahlenmäßig unterlegen, dennoch zogen Chetak und sein Reiter beherzt in die Schlacht. Der Hengst attackierte furchtlos einen Elefanten und schlug ihm die Vorderhufe gegen den Schädel. Doch das Glück war bei dieser Schlacht nicht auf Prataps Seite. Die Mongolen standen kurz vor dem Sieg, als Chetak sich schwer an einem Bein verletzte. Es wird erzählt, dass der Hengst trotz großer Schmerzen seinen König noch aus dem Schlachtfeld trug, um ihm das Leben zu retten. Chetak überquerte einen Fluss, und kaum war Pratap in Sicherheit, brach der Hengst zusammen und starb mit dem Kopf auf dem Schoß seines Herrn. Die Mongolen gewannen die Schlacht, und Pratap floh mit dem Rest seines Heeres in die Berge. Später ließ er an dem Ort, an dem Chetak starb, dem Pferd zu Ehren ein Monument errichten.

Chetak erscheint in vielen Balladen, Liedern und Gedichten, in denen er als das »Blaue Pferd« verehrt wird. Seine Existenz ist wissenschaftlich nicht belegt, doch die literarischen Überlieferungen lassen den Hengst noch heute als Legende weiterleben.

19__Chiron

Wie ein Zentaur zu den Sternen aufstieg

War er auch nur ein halbes Pferd, so ist die tragische Geschichte aus der Antike über Chiron, den Zentauren, in diesem Buch dennoch erzählenswert. Zentauren, Wesen mit dem Oberkörper eines Mannes und dem Unterleib und den Beinen eines Hengstes, lebten zur Zeit der griechischen Götter. Sie waren wilde Kerle, ungestüm, lüstern und streitlustig. Sie tranken viel und kämpften heißblütig. Diese Mischwesen stammten von Ixion ab, dem König der Lapithen in Thessalien, der sich im Rausch mit einer Wolke vereinigte, der Hera ihre Gestalt gab. Der daraus erstandene Bastard paarte sich später mit einer Stute, und so waren die Zentauren geboren.

Chiron aber war anders. Er besaß göttliche Abstammung, sein Vater war Kronos, der Vater von Zeus, seine Mutter die schöne Nymphe Philyra. In Chiron vereinte sich die Vernunft des Menschen mit der Stärke und Güte des Pferdes. Er war großzügig, geduldig, sanftmütig und klug. Mit seiner Frau und seiner Tochter lebte er in einer Höhle am Fuße des Berges Pelion in Thessalien. Chiron gab sein Wissen über die Jagd, die Medizin und die Musik an seine Schüler weiter, zu denen auch Achilles, Odysseus und Herkules zählten.

Doch eines Tages spielte sich ein Drama ab. Bei einem Jagdausflug gerieten mehrere Zentauren in einen Streit wegen eines Weinkrugs. Herkules ging dazwischen. Aus Unachtsamkeit verletzte er seinen Mentor Chiron mit einem seiner Pfeile am Knie. Die Pfeilspitze war mit dem Blut der Hydra vergiftet, und gegen das Gift existierte kein Gegenmittel. Chiron litt schreckliche Schmerzen, konnte er doch als Unsterblicher nicht im Tod die Erlösung finden. Er flehte die Götter auf dem Olymp um Gnade an. Diese zeigten Erbarmen und erlösten den leidenden Zentauren von seinen Höllenqualen. Er durfte zu den Sternen aufsteigen. Seither ziert sein Sternbild den Nachthimmel. Mit Pfeil und Bogen zielt er als Schütze auf den giftigen Skorpion.

20 — Colonels Smoking Gun / Gunner

Ein doppelter Champion mit Handicap

Dieses Pferd war in jeder Hinsicht außergewöhnlich: Es besaß zwei Namen, diente als Zuchthengst für zwei Pferderassen – und war taub. So etwas ist wohl nur im Land der unbegrenzten Möglichkeiten denkbar. 1993 als Sohn zweier eingetragener Quarter Horses geboren, lehnte die »American Quarter Horse Association« Colonels Smoking Gun wegen zu viel Weißfärbung ab. Dafür wurde er als Paint Horse bei der »National Reining Horse Association« unter dem Namen Gunner eingetragen. Nicht zuletzt wegen seiner Leistungen änderte die AQHA ihre Regeln und nahm den Hengst letztlich ebenfalls bei sich auf, hier unter seinem Namen Colonels Smoking Gun. Der Hengst war mehrfacher Champion und gewann als Reining Horse viele Preise in Wettkämpfen. 2005 kauften ihn Tim und Colleen McQuay und brachten ihn in ihren Zuchtstall nach Texas.

Gunner besaß eine markante Scheckfärbung. Der Fuchs hatte einen weißen Laternenkopf, weiße Beine und dazu blaue Augen. Doch diese besondere Zeichnung ist umstritten, da sie oft an einen Gendefekt gekoppelt ist, der vollkommen taube Nachkommen hervorbringt. Zudem wird angenommen, dass das Sehvermögen solcher Tiere getrübt ist. Auch Gunner war taub. Beeinträchtigt hat ihn das kaum. Im Gegenteil. Taube Pferde haben auf Turnieren einen großen Vorteil, werden sie doch nicht durch Geräusche abgelenkt und sind dadurch weniger schreckhaft. Ihr Fluchtreflex ist vermindert. Da sie auf die Körpersprache ihres Reiters reagieren, sind sie dennoch gut zu reiten.

Viele der Nachkommen von Gunner aus der ersten Generation erbten seinen Gendefekt. Egal? Seine Sprösslinge sind heute äußerst erfolgreiche Turnierpferde, die bisher mehrere Millionen Dollar an Preisgeldern gewannen. Doch wie zählt da der Gedanke des Tierschutzes, wenn gezielt taube Pferde für Wettkämpfe herangezogen werden? Gunner selber starb im Alter von 20 Jahren an Hufrehe.

21 _ Comanche

Der Dämon am Little Bighorn

Etwa 1862 geboren, wurde der wilde braune Mustang eingefangen, kastriert, gezähmt, eingeritten und am 3. April 1868 für 90 Dollar an die Armee verkauft. Das war der Beginn seiner legendären Karriere beim Militär. Captain Myles Keogh vom 7. US-Kavallerie-Regiment bekam Comanche zugeteilt.

Am 25. Juni 1876 kam es zur Schlacht am Little Bighorn im heutigen Montana. Unter General Custer kämpfte die US-Armee gegen die vereinten Indianerstämme Lakota- und Dakota-Sioux, Arapaho und Cheyenne, die von den Häuptlingen Sitting Bull, Crazy Horse und Gall angeführt wurden. Die Schlacht wurde zu einem Fiasko für die Weißen, was vor allem auf die schlechte Kampfstrategie von Custer zurückzuführen war. Sie ist eine der wenigen Schlachten, welche die Indianer gewannen. Nur ein einziges Mitglied aus dem Heer von Custer überlebte das Gemetzel. Es war Comanche. Obwohl schon früh verwundet, trug er Keogh noch viele Stunden durch die Schlacht, bis sein Reiter letztlich tot zu Boden fiel. Überlieferungen der Indianer zufolge wachte der braune Wallach danach zwei Tage über Keogh, blutend, sein Maul weiß schäumend, doch aggressiv wie ein Dämon gegenüber jedem Indianer, der sich ihm näherte.

Als Tage später Armee-Scouts am Schlachtfeld eintrafen, fanden sie Comanche, halb verdurstet und am Ende seiner Kräfte, inmitten von Leichen und Pferdekadavern über Keogh stehend. Sie brachten den Wallach nach Fort Lincoln, wo er sich ein Jahr lang von seinen Verletzungen erholen durfte. Er blieb im Dienste der Armee, war aber von all seinen Pflichten befreit und wurde einzig noch für Paraden gesattelt. Comanche verstarb am 7. November 1891 im Alter von 29 Jahren an einer Kolik. Ihm zu Ehren hielt man eine militärische Beerdigung ab. Sein Körper wurde präpariert und steht heute hinter Glas im Naturhistorischen Museum auf dem Campus der Universität von Kansas.

»Aus vielen Pfützen dampft des Blutes Rauch, die schwarz und rot den braunen Feldweg decken. Und weißlich quillt der toten Pferde Bauch, die ihre Beine in der Frühe strecken.«
Auszug aus »Nach der Schlacht« von Georg Heym, deutscher Lyriker (1887–1912)

22 Copenhagen

Ein Engländer auf dem Schlachtfeld von Waterloo

Earl Grosvenor, der Duke of Westminster, kaufte sich die Stute Lady Catherine und nahm sie auf eine Kriegsexpedition nach Dänemark mit, nicht ahnend, dass sie bereits trächtig war. Zurück in England gebar sie 1808 ein Hengstfohlen, dem Grosvenor den Namen Copenhagen gab. Als Dreijähriger bestritt Copenhagen erfolglos Pferderennen und wechselte danach mehrmals den Besitzer. Der Fuchs galt als launisch und schwer zu reiten, strotzte aber vor Mut und Selbstvertrauen.

1812 kam der Hengst in den Besitz von Arthur Wellesley, dem ersten Duke of Wellington. Dieser ritt ihn während der napoleonischen Kriege, und hier zeigten sich die wahren Qualitäten von Copenhagen, der sich nicht vom Schlachtlärm beeindrucken ließ und nervenstark blieb. Wellington zog mit seinem Hengst 1815 in Waterloo gegen Napoleon in die Schlacht. Die Engländer besiegten die Franzosen und erbeuteten Napoleons berühmtes Schlachtross Marengo, welches sie mit nach England zurückbrachten. Copenhagen verdiente sich nach der Schlacht von Waterloo ein ruhigeres Leben und verbrachte die nächsten Jahre in Wellingtons Ställen. Der Hengst war so berühmt, dass die Frauen sich Armbänder aus seinen Haaren flochten. Der Duke wurde 1828 Premierminister und ritt auf Copenhagen zur Downing Street 10.

Im Alter von 29 Jahren verstarb Copenhagen. Als Wellington bemerkte, dass ein Diener dem Kadaver die Hufe abgeschnitten hatte, um daraus Tintenfässer herzustellen, soll er getobt haben. Er ließ sein Pferd mit allen militärischen Ehren – aber ohne Hufe – beerdigen.

Gemälde und Skulpturen lassen Wellington auf Copenhagen weiterleben. 1846 enthüllte man eine 40 Tonnen schwere Statue beim Wellington Arch am Hyde Park Corner, die allerdings Queen Victoria missfiel. 1885, rund 30 Jahre nach dem Tod des Dukes, ließ sie das monumentale Denkmal umplatzieren. Heute steht es auf dem Kasernengelände von Aldershot.

»Ein Nagel bewahrt ein Eisen, ein Eisen ein Pferd, ein Pferd einen Mann, ein Mann eine Burg, eine Burg ein Land.« *Altes Sprichwort*

23 Cornet Obolensky

Ein Stammhalter mit Allüren

Ein wahrer Prachtkerl ist er, der strahlend weiße Hengst. Seinen Kopf stolz erhoben, die Brust gebläht, stolziert er vornehm und mit dem Selbstvertrauen eines Generals über den Platz.

Cornet Obolensky erteilt lieber Befehle, als dass er sie annimmt, das bekam auch Marco Kutscher zu spüren, als er den 1999 geborenen Schimmel vierjährig einritt und auf seine Karriere als Springpferd vorbereitete. Cornet ist schlau, beobachtet, analysiert und fasst seine eigenen Entschlüsse. Selbst ein erfahrener Reiter wie Kutscher war gefordert, wenn er im Sattel saß. Ein regelrechter Hype entstand um das Springpferd, das man schon früh als Deckhengst einsetzte.

2008 wurde Kutscher auf Cornet Dritter bei der deutschen Meisterschaft, 2011 gewann er Mannschaftsgold bei den Europameisterschaften, und 2012 siegte er unter anderem beim Weltcupspringen in Zürich sowie bei den Nationenpreisen von Rom und Rotterdam. Auf der Höhe seiner Karriere verabschiedete sich Cornet 2012 vom Turniersport. Damals trat er bereits gegen seine eigenen Söhne und Töchter an, so auch in Rio de Janeiro gegen Cornet d'Amour unter Daniel Deußer.

Cornets Persönlichkeit, seine Veranlagung und sein Springvermögen machen das belgische Warmblut zu einem der wertvollsten und begehrtesten Vererber in der Zucht von Springpferden. Bereits im Alter von elf Jahren hatte er etwa 50 gekörte Söhne und mehrere staatsprämierte Töchter, heute sind es weit über 1.000 Nachfahren. Er wird nur noch als Zuchthengst eingesetzt, lebt bei seinem neuen Besitzer in der Ukraine in einer Luxusbox mit Wandheizung und bespringt fast täglich eine Pseudostute zum Absamen. Seine teuren Gene sind nur noch tiefgekühlt ab Katalog zu kaufen.

Es ist fast schon traurig, wie ein so wundervolles Tier zu Fließbandarbeit degradiert wird – seine Coolness, seinen Stolz und seinen Dickschädel scheint es aber nicht gebrochen zu haben.

24 Coureur

Sein Tod für das Überleben einer Rasse

Zuweilen können Männer übermütig werden, wenn es um die Schönheit, die Kraft und Ausdauer ihrer Pferde geht. Diesen Stolz bezahlte Coureur mit seinem Leben, doch sicherte er dadurch auch den Erhalt einer früher wenig beachteten Rasse. Der getigerte Hengst war ein königlich-dänischer Frederiksborger, aus dem später der Knabstrupper hervorging. Die Pferde wurden in der Kunst der Hohen Schule ausgebildet, waren aber auch ausdauernd und schnell.

So kam es, dass 1684 der englische Gesandte Robert Molesworth die königlichen Ställe in Kopenhagen besuchte. Oberstallmeister Baron Anton Wolf von Haxthausen zeigte dem Engländer seine Pferde und geizte nicht mit Eigenlob. Molesworth lachte den Baron aus und glaubte nicht, dass die Tigerschecken eine 40 Kilometer lange Strecke in weniger als 60 Minuten laufen konnten, wie Haxthausen behauptete. Die Wette galt.

Ein junger Jockey, dem bei einem Sieg eine Anstellung in den königlichen Ställen angeboten wurde, suchte sich Coureur aus. Er durfte mit dem Hengst 14 Tage trainieren. Unterdessen richtete man die Strecke zwischen Schloss Frederiksborg in Hillerød und Schloss Christiansborg in Kopenhagen her.

Am 9. August fand das Rennen statt, ein Großereignis mit Hunderten Schaulustigen. Und Coureur lief und lief und lief. Nach nur 42 Minuten erreichte er schweißgebadet das Ziel. Die Menge jubelte, der Jockey sprang aus dem Sattel, und Baron Haxthausen feierte den Sieg. Die Freude war so groß, dass der arme Coureur, völlig ausgepumpt und am Ende seiner Kräfte, vergessen wurde. Er brach tot zusammen.

Zu seinen Ehren ließ man den Hengst ausstopfen, in der Pose der Kapriole. Noch heute, über 300 Jahre später, steht Coureur ausgestellt im Museum der Royal Stables in Schloss Christiansborg, wenn auch leicht vergilbt, mit verblassten Punkten, struppigem Fell und abgeknickten Ohren.

Adresse Royal Stables, Christiansborg Ridebane 12, 1218 Kopenhagen, Dänemark |
Öffnungszeiten täglich 13.30–16 Uhr, Okt.–April jeweils montags geschlossen

25 Danedream

Das Aschenputtel im Rennzirkus

Märchen gibt es auch im Pferderennsport, doch hier heißt Aschenputtel schlicht Danedream. Auf der Frühjahrsauktion 2008 in Baden-Baden ging die zweijährige, braune, unscheinbare Stute unverkauft vom Platz. Trotz guter Renngene war sie eher klein, schmal gebaut, ließ schläfrig den Kopf hängen und fraß lieber Strohhalme vom Boden, statt ihre potenziellen Käufer mit Temperament zu beeindrucken. Der Züchter Gregor Baum versuchte, seine Stute dem Reittrainer Peter Schiergen schmackhaft zu machen. Der fand sie ganz ordentlich, mit einem freundlichen und lieben Charakter, und überredete seinen Freund, einen Möbelhausbesitzer, Danedream für nur 9.000 Euro zu kaufen. Baum machte mit dem Verkauf von Danedream den wohl schlechtesten Deal im Rennsport, denn Danedream lief zig Rennen, und nur die größten, die es in Europa zu bestreiten gab. Die Wunderstute gewann sie alle: das Oaks d'Italia, den Prix de l'Arc de Triomphe in Paris und auch das King George VI and Queen Elizabeth Stakes in Ascot. Und Danedream gewann nicht um Nasenlängen, sondern hängte ihre Konkurrenz im Finish um Pferdelängen ab. Aus dem kleinen Aschenputtel war eine Königin geworden, die über drei Millionen Euro an Preisgeldern eingaloppierte.

Ihr Jockey Andrasch Starke konnte sein Glück nie fassen, eines der besten Rennpferde der Welt geritten zu haben. Er schwärmt von ihrer raumgreifenden Übersetzung, von ihren kräftigen Lungen und ihrem großen Herzen – in doppeltem Sinn. Die Stute machte nie Probleme, war immer gesund, reiste gerne und nahm den Ansturm der Presse mit bodenständiger Gelassenheit hin. Vielleicht war das die Stärke von Danedream, die sich ihre Energie lieber für den Renntag aufsparte.

2012 lief sie ihr letztes Rennen und ging mit vier Jahren in Pension. Heute lebt Danedream auf einem Gestüt in England und ist unterdessen ganz in ihrer neuen Aufgabe als Mutterstute aufgegangen.

26 Darley Arabian

Der Urvater des englischen Vollbluts

Laut einer Studie, die 2001 im Journal »Animal Genetics« veröffentlicht wurde, kann das Y-Chromosom bei 95 Prozent aller modernen englischen Vollblüter bis zum Hengst Darley Arabian zurückverfolgt werden. Er ist der wahre Urvater der heutigen Rennpferde.

In Aleppo, Syrien, erwarb der englische Kaufmann Thomas Darley 1702 vom Scheich eines Beduinenstammes ein Hengstfohlen, kein klassischer Vollblutaraber, sondern ein Mannicka, wie Thomas Darley in einem Brief an seinen Bruder schreibt. Mannickas, oder auch Muniquis, waren aus den Turkmenenpferden, den Achal-Tekkinern, gezüchtete Vollblüter, die man in Syrien und dem Irak für Rennen einsetzte. Darley Arabian maß etwa 1,50 Meter, war braun mit einer weißen Blesse und drei weißen Fesseln.

Sorgen machte Thomas Darley aber der Transport nach England. Nicht nur war es eine heikle Angelegenheit, arabische Pferde aus dem Osmanischen Reich zu verschiffen, da es gegen das Gesetz verstieß, auch war die lange Überfahrt für die Tiere belastend. 1704 ging der Hengst in der Südtürkei an Bord. Über Irland kam er unbeschadet auf dem Landsitz Aldby Park der Familie Darley in Buttercrambe, North Yorkshire, an. Dort war Darley Arabian aber nur ein Zuchthengst unter vielen.

Von 1706 bis 1719 deckte er die Stuten der Darleys, die eher mäßiger Abstammung waren. Es war die Anpaarung mit der Stute Betty Leedes des Züchters Leonard Childers, die zwei außergewöhnliche Hengstfohlen hervorbrachte: Flying Childers, der als Rennpferd ungeschlagen blieb, und sein Vollbruder, Bartlett's Childers, auch Bleeding Childers genannt, der zum noch wichtigeren Vererber der Darley-Arabian-Linie wurde. Da Bleeding Childers bei der kleinsten Anstrengung Nasenbluten bekam, wurde er nie für Rennen eingesetzt, sondern nur zur Zucht verwendet. Aus ihm ging drei Generationen später der ungeschlagene Champion Eclipse hervor.

27_Destrier

Jedem Ritter sein Schlachtross

Ein Aufschrei ging durch die Zuschauerreihen, als die Hufe über den Boden donnerten, die Lanzen gegeneinanderkrachten, Holz zersplitterte und ein Ritter zu Boden ging. Dem Sieger winkte ein Kuss einer holden Maid. Die Tjosten, die ritterlichen Zweikampfspiele, bei welchen zwei Reiter in voller Rüstung mit präparierten Lanzen auf ihren Pferden aufeinander zugaloppierten und jeweils versuchten, den anderen aus dem Sattel zu werfen, wurden fast immer auf einem Destrier geritten.

Im Mittelalter züchtete man weniger Rassen als vielmehr Pferdetypen. Jeder Ritter besaß mehrere Pferde, welche er zu unterschiedlichen Zwecken einsetzte. Der Destrier war ein mächtiges Schlachtross, meist ein Hengst, der nur auf Turnieren und in Schlachten geritten wurde. Er musste stark, schnell und wendig sein. Er hatte kraftvolle Hinterbeine, einen kurzen Rücken und eine gute Muskulatur. Es gab Rappen, Braune und Tiere mit Graufärbung. Der Fesselbehang war üppig. Destriere wurden sorgfältig ausgebildet. Ihre Stärke brauchten sie, um das Gewicht des Ritters samt Rüstung zu tragen. Man trainierte ihnen ein bissiges und bockiges Verhalten an, um den Gegner im Kampf zu verwunden und am Boden liegende feindliche Ritter niederzutrampeln. Die Kolosse waren berüchtigt und gefürchtet wegen ihres Aggressionspotenzials. Nicht selten attackierten sie sich auf dem Schlachtfeld gegenseitig.

Schlachtrösser waren teuer, und neben dem Courser und dem Runtzid galt der Destrier als das teuerste unter ihnen. Auch wenn er in alten Schriften oft als das »Große Pferd« beschrieben wird, so war er Nachforschungen zufolge kaum größer als 1,60 Meter, was zu jener Zeit aber beachtlich war.

Heute gilt der Destrier als ausgestorben. Vielleicht findet sich sein Blut am ehesten in einem Kaltblut wie dem Percheron oder dem Shire Horse, denn oft wird er als Ahne der heutigen Zugpferde gesehen.

28 __ Eclipse

Ein Rennpferd von einem anderen Stern

An seinem Geburtstag musste ihm eine überirdische Kraft geschenkt worden sein. Eclipse erblickte am 1. April 1764 auf dem Gestüt des Duke of Cumberland das Sonnenlicht, das an jenem Tag aber verdunkelt blieb. Es war der Tag einer Sonnenfinsternis, welche dem Fohlen auch seinen Namen gab. Nach dem Tod seines Züchters wurde der junge Hengst für wenig Geld vom Züchter William Wildmann ersteigert – trotz edler Abstammung, die auf zwei der Gründerväter des englischen Vollblutes zurückzuführen ist, auf Godolphin Arabian und Darley Arabian. Wildmann hatte so seine Probleme mit dem störrischen Fuchshengst mit der weißen Blesse, der schwer zu bändigen war. Eclipse war äußerst stark und groß gewachsen, schnell reizbar und mit einer guten Portion Selbstvertrauen gesegnet. Fast hätte Wildmann den jungen Hengst wegen seines Charakters kastrieren lassen.

Sein erstes Rennen lief Eclipse im Alter von fünf Jahren, am 3. Mai 1769. Vor dem Start wettete der irische Abenteurer Colonel Dennis O'Kelly auf den Sieg des Pferdes, das laut schnaufend auf die Rennbahn einlief. O'Kelly prophezeite, dass Eclipse die Konkurrenz deklassieren würde. Und tatsächlich, er galoppierte dem Rest des Feldes locker davon und erreichte mit so viel Vorsprung die Ziellinie, dass alle anderen Pferde wegen zu großen Abstandes disqualifiziert werden mussten. »Eclipse Erster, der Rest nirgendwo!« war dann auch ein Richterspruch, der in die Geschichte einging. O'Kelly kaufte den Hengst daraufhin Wildmann ab.

In seiner 17-monatigen Rennkarriere lief Eclipse 18 Rennen und gewann jedes überlegen. O'Kelly musste ihn letztlich vom Rennsport zurückziehen, da er für die Wettbüros unrentabel war und niemand mehr gegen ihn antreten wollte. Danach begann seine zweite Karriere als Zuchthengst. Er zeugte 300 bis 400 Fohlen. Die meisten heute erfolgreichen Rennpferde haben Eclipse in ihrer Ahnentafel.

29__Der Eidgenoss

Das Pferd des Dragoners

Auf dem Dachboden des Hofes von Paul Aeschbacher, seinerzeit Soldat im Zweiten Weltkrieg, lagen ein verstaubter Armeesattel mit Satteltaschen, den Saccochen, und eine Gamelle, das typisch schweizerische Kochgeschirr der Soldaten, daneben hing ein Militärmantel. Es war das Vermächtnis eines Dragoners. Viel hat er nie erzählt über seinen Einsatz im Krieg. Was seinen Nachkommen geblieben ist, ist ein Bild von ihm mit seinem treuen »Eidgenoss«, dessen Namen in Vergessenheit geriet.

1874 wurde die Schweizer Armee gegründet. Die Kavallerie war in 24 Schwadrone unterteilt. Die Reiter, man nannte sie Dragoner, konnten beim Bund ein Pferd, einen sogenannten Eidgenoss, zu einem ermäßigten Preis ersteigern. Auf dem Hof durfte er als Acker- und Zugpferd eingesetzt werden. Aeschbacher war zudem ein guter Springreiter und nahm mit seinem Eidgenoss regelmäßig an Springturnieren teil. Jährlich musste er mit seinem Pferd in den WK, in einen militärischen »Wiederholungskurs«. Beide mussten jederzeit auf Abruf für einen Einsatz in der Armee bereitstehen. Der Marschbefehl kam mit Kriegsbeginn. Genau das war dann ein Problem zu jener Zeit.

Die Bauern wurden angewiesen, so viel Nahrung wie möglich zu produzieren, doch plötzlich fehlten die Pferde für den Ackerbau, da sie ja ihren Militärdienst leisten mussten. So verbrachte auch Aeschbacher viele Wochen zur Grenzsicherung an der Front im Kanton Jura bei Pruntrut und hörte, wie drüben im französischen Belfort die Bomben einschlugen.

Die Schweizer Kavallerie ist Geschichte, sie wurde 1972 aufgelöst. Was geblieben ist, sind die Kavallerievereine, die heute vor allem sportliche Anlässe wie Springkonkurrenzen, Patrouillenritte oder Fuchsjagden organisieren. Und manchmal hört man sie noch, abends beim gemütlichen Zusammensitzen und einem Glas Wein, die alten Geschichten der Dragoner und ihrer Eidgenossen.

»Was reitet munter über Feld, über Feld, im frischen frohen Trab. / Was leuchten da für Batten gelb, Batten gelb, hell in den jungen Tag. / Dragoner stolz zu Pferde sitzt, hell in der Sonn der Säbel blitzt. / Es schnaubt das Pferd voll Lebenslust und stolz hebt sich des Reiters Brust.« *Volkslied*

30 __ Das Einhorn

Ein Hybrid aus Pferd, Nashorn, Auerochse und Narwal

Ganz gleich, ob Urtier, Fabeltier oder Stofftier, das Einhorn hat seinen Platz in unserer Welt. Aber woher stammt das Bild dieses starken und reinen Wesens? Höhlenzeichnungen und fossile Funde belegen die Existenz eines Tieres mit einem gewaltigen Horn auf der Stirn: das Elasmotherium. Es gehörte allerdings der Gattung der Nashörner an.

Aus der zwischen 2300 und 1750 vor Christus blühenden Indus-Kultur, im heutigen Pakistan, sind ebenfalls Zeichnungen von Einhörnern erhalten. Handelte es sich dabei um Rinder? Um 500 vor Christus beschrieb Ktesias in seinem Werk »Indiká« diese indischen Einhörner, und Aristoteles griff später darauf zurück.

Die Griechen und Römer kannten das Einhorn in ihrer Mythologie nicht, dafür wird es bei den Kelten mit der geheimnisvollen Insel Avalon und der Artussage in Verbindung gebracht. Nach christlicher Vorstellung soll das Einhorn auf den Schoß der Jungfrau Maria gesprungen sein, was aber wohl ein Übersetzungsfehler ist. Im Alten Testament wird von einem kräftigen wilden Tier, dem »Re'em«, erzählt. Das hebräische Wort war den griechischen Übersetzern nicht bekannt, sie nannten es deshalb »Monokeros«, ein Wort, das Luther später aufgriff und als »Einhorn« übersetzte. So wurde aus einem einfachen Auerochsen ein legendäres Einhorn. (Der Übersetzungsfehler ist natürlich mittlerweile korrigiert.)

Selbst Marco Polo will auf Sumatra einem Einhorn begegnet sein, wie er schreibt. Vermutlich hat er einfach den vielen Geschichten der Einheimischen über die Sumatra-Nashörner gelauscht.

Bleibt noch die Frage nach dem Horn, das ja magische Heilkräfte besitzen soll, wie es im Mittelalter in Arzneibüchern erwähnt wird und in der Alchemie Verwendung fand. Solche »Ainkhürn«, über zwei Meter lange gedrehte Hörner, wurden tatsächlich gefunden. Allerdings handelte es sich dabei um die angeschwemmten Zähne der Narwale.

31 __ Endo

Die Mondblindheit eines Appaloosas

Im Alter von 13 Jahren ging für die Amerikanerin Morgan Wagner ein Mädchentraum in Erfüllung: Sie durfte sich unter den Fohlen aus der Zucht ihrer Großmutter eines aussuchen. Sie wählte Endo, ein Appaloosa-Hengstfohlen, eher schmächtig und klein und nicht das schönste, aber mit einer fast magischen Aura und Präsenz, die Morgan faszinierten.

Zusammen wuchsen die beiden auf und wurden beste Freunde. Im Alter von acht Jahren begannen Endos Augenprobleme. Sie tränten, er kniff sie oft zusammen und hatte Schmerzen. Die Diagnose war bald gestellt: Equine rezidivierende Uveitis, auch Mondblindheit genannt, eine schmerzhafte entzündliche Augenerkrankung beim Pferd, die schleichend zur Blindheit führt. Fünf Jahre später waren Endos Schmerzen so schlimm, dass er nicht mehr fressen wollte. Morgan entschied sich, sein rechtes Auge operativ entfernen zu lassen. Die ersten Tage danach waren schrecklich für den Appaloosa, doch Morgan blieb nichts anderes übrig, als Endo an die totale Blindheit zu gewöhnen. Erst nur für Minuten, dann für längere Zeitabschnitte deckte sie sein linkes Auge ab, lehrte ihn, sich total auf sie zu verlassen, ihr zu folgen und auf ihre Stimme zu hören. Sechs Monate später wurde sein zweites Auge entfernt. Endo erholte sich diesmal erstaunlich gut. Morgan stellte ihm die kleine Stute Cinnamon in den Stall, der er auch auf der Weide folgen konnte.

Beachtlich sind die sportlichen Leistungen, die Morgan und Endo seither erreicht haben. Er ist in den USA unter den Top Ten in der Disziplin Working Equitation, bei der die Pferde Dressur und einen Arbeitsparcours zu bewältigen haben. Endo hört auf über 40 stimmliche Kommandos, springt, geht über Wippen oder hebt ein Bein auf Morgans Anweisung. Doch zwischen seinen Reisen und Auftritten genießt es Endo nach wie vor, hinter Cinnamon über die Weiden zu galoppieren – auch in vollkommener Dunkelheit.

32 __ El Morzillo

Der bedauernswerte Wettergott der Mayas

Welch traurige Karriere selbst ein Pferd machen kann, erzählt die tragische Geschichte des schwarzen Andalusierhengstes El Morzillo.

Im Jahr 1524 brach der spanische Konquistador Hernán Cortés von Mexico aus nach Süden auf, zu einem Eroberungszug ins heutige Honduras. Dabei ritt er den edlen Hengst El Morzillo. Im Bergland um La Sierra de los Pedernalos verletzte sich das Pferd unglücklich. Die Spanier kamen kurz darauf in die Maya-Stadt Tayasal am Ufer des Sees von Petén-Itza (Guatemala). Da Cortés seinen Hengst nicht weiter quälen wollte, ließ er ihn in der Obhut der Mayas. Sie mussten ihm versprechen, gut für das Tier zu sorgen, wollte er es doch auf dem Rückweg wieder abholen kommen.

Die Mayas hatten Pferde noch nie gesehen und wussten nicht, wie sie den temperamentvollen El Morzillo handhaben sollten. Auch kannten sie seine Futtervorlieben nicht. Doch sie meinten es gut und stellten ihm reichlich Fleisch zum Fressen und Wein zum Trinken hin. Der arme El Morzillo wurde immer schwächer und starb einen elenden Tod. Jetzt bekamen es die Mayas mit der Angst zu tun, fürchteten sie sich doch vor dem Donnergrollen von Cortés, sollte er zurückkehren und ein totes Tier vorfinden. Seine Rache würde schrecklich sein. Um den Spanier zu besänftigen, errichteten die Mayas am See vorsichtshalber eine riesige Statue El Morzillos, wie er am Boden sitzt und die Vorderbeine von sich streckt. Sie verehrten ihn von jenem Tag an als ihren Wettergott Tziunchan.

Doch die Angst vor Cortés war unbegründet. Der Konquistador kehrte nie an ihren See zurück. Dafür kamen im Jahr 1697 die Franziskanermönche Orbieta und Fuensalida ins Dorf, zerstörten das heidnische Götzenbild des Pferdes und warfen die Überreste ins Wasser. Es wird gemunkelt, dass El Morzillo noch heute vom Grund des Sees hochschaut, in der Hoffnung, dass sein Herr Hernán Cortés ihn endlich erlöst.

33__E.T. FRH
Der Außerirdische mit Raketenantrieb

Betrat er unter seinem Reiter Hugo Simon den Springparcours, schaute sich der kleine Fuchswallach mit der auffälligen Blesse genau um. Als Außerirdischer musste E.T. wissen, was auf diesem Planeten so abging und ob irgendwo hinter wehenden Fahnen Gefahr lauerte. Doch kaum steuerte Simon ihn auf das erste Hindernis zu, zeigte E.T. uns Erdlingen, was ihn ihm steckte. Wie eine Rakete katapultierte er sich auf seiner starken Hinterhand in die Höhe, explodierte regelrecht vor dem Sprung. Seine perfekte Beintechnik brachte den nur 1,62 Meter großen Wallach sicher über das Hindernis.

Der österreichische Springreiter Simon, 1942 geboren, hat in seiner langen, erfolgreichen Karriere so manches Pferd geritten. E.T. war, neben dem nervenstarken Schimmel Apricot D, sein großer Star, mit dem er 36 Grands Prix gewann und über drei Millionen Euro Preisgeld kassierte. Als E.T. 2004 wie ein Hollywoodstar nach seinem letzten Sprung in der Wiener Stadthalle unter Standing Ovations abgesattelt wurde, konnte auch Simon die Tränen nicht mehr zurückhalten. Aber E.T. hatte sich seinen Ruhestand mehr als verdient.

Simon ließ extra für ihn und seinen Kumpel Apricot D in Weisenheim am Sand einen Offenstall errichten. Die beiden Pferde lebten wie Könige und genossen noch viele Jahre auf den Weiden der Familie Simon. Da E.T. ein Wallach war, konnten seine Gene nicht zur Zucht genutzt werden – eigentlich. 2004 kam trotzdem sein Fohlen zur Welt. Eine exakte Kopie von E.T. – sein eigener Klon.

Doch auch das beste Springpferd kommt in die Jahre, und als E.T. am 4. Januar 2013 nicht mehr aufstehen konnte, wurde es Zeit für ihn zu gehen. Auch um seinen Freund Apricot D stand es kaum besser. Simon entschied sich, erneut den Tränen nahe, seine beiden Freunde gemeinsam von ihren Altersschmerzen zu erlösen. Es wurde Zeit für E.T., zurück zu den Sternen zu fliegen.

34 _ Falada

Ein sprechendes Pferd als Kronzeuge

»O du Falada, da du hangest.« – »O du Jungfer Königin, da du gangest, wenn das deine Mutter wüßte, ihr Herz tät ihr zerspringen.« So lassen die Gebrüder Grimm die Gänsemagd mit dem Pferdekopf sprechen, der in einem Torbogen hängt. 1815 soll Dorothea Viehmann, die Gastwirtstochter einer Hugenottenfamilie bei Kassel, den Brüdern das Märchen erzählt haben.

Darin schickt die Königin ihre Tochter zur Hochzeit in ein anderes Königreich. Sie gibt ihr ein Tuch mit drei Blutstropfen von sich mit, zudem das sprechende Pferd Falada und eine Magd. Die intrigante Magd überlistet die Königstochter, die Kleider zu tauschen. Am Hof angekommen, heiratet der Prinz die Magd, und die Königstochter muss sich fortan um die Gänse und einen Jungen namens Kürdchen kümmern.

Aus Angst, das sprechende Pferd Falada könnte sie enttarnen, bittet die böse Magd ihren Prinzen um einen Gefallen: »Nun, so lasst den Schinder rufen und da dem Pferde, worauf ich hergeritten bin, den Hals abhauen, weil es mich unterwegs geärgert hat.« Dem Pferd wird der Kopf abgeschlagen. Doch die Königstochter überredet den Schinder, Faladas Kopf in einem Torbogen aufzuhängen, den sie jeden Tag mit ihren Gänsen durchschreitet.

Kürdchen ist die Sache suspekt, und er spricht den alten König darauf an, der die Gänsemagd zu sich ruft. Sie hat jedoch der bösen Magd versprochen, mit keinem Menschen über den Kleidertausch zu sprechen. Aber der König ist klug und weist sie an, ihr Leid dem Ofen zu klagen. Dabei belauscht er sie heimlich, und der ganze Schwindel fliegt auf. Die wahre Königstochter bekommt ihren Prinzen und eine prächtige Hochzeit. Die hinterhältige Magd aber erhält ihre verdiente Strafe und wird in einer Tonne mit Nägeln von zwei weißen Pferden durchs Königreich gezogen. Doch ob Faladas Kopf noch heute in dem dunklen Torbogen hängt, das verraten uns die Gebrüder Grimm mit keinem Wort.

»In der Stadt war ein großes, finsteres Tor, wo sie abends und morgens mit den Gänsen durch musste, unter das finstere Tor möchte er dem Falada seinen Kopf hinnageln, dass sie ihn doch noch mehr als einmal sehen konnte. Also versprach das der Schindersknecht zu tun, hieb den Kopf ab und nagelte ihn unter das finstere Tor fest.«

Die Gänsemagd« von den Gebrüdern Grimm

35 Fury

König der wilden Hengste

»Fury! Fury!«

Der schwarze Hengst lauscht dem Ruf des Jungen und galoppiert über Stock und Stein zu Joey zurück, der ihn herzlich begrüßt: »Na, Fury, wie wär's mit einem kleinen Ausritt, hast du Lust?« Fury wiehert freudig, kniet sich hin und lässt Joey aufsteigen. Zusammen reiten sie in die Prärie hinaus. Dies ist der bekannte Vorspann aus der gleichnamigen amerikanischen Fernsehserie, die von 1955 bis 1960 nach der Buchvorlage von Albert G. Miller gedreht wurde.

Der neunjährige Joey, ein Waisenjunge, kommt zu Jim Newton auf die Broken Wheel Ranch. In der ersten Folge zähmt er den wilden Hengst. Junge und Pferd freunden sich an und bestehen in den folgenden Episoden so einige Abenteuer, kämpfen gegen Verbrecher, stellen sich wilden Tieren oder fliehen vor Naturkatastrophen. Doch in der Serie geht es auch um den Menschen, um Alltagskonflikte und um die Moralvorstellungen der damaligen Zeit.

Geprägt hat die Serie der Hengst Highland Dale, ein American Saddlebred, der 1943 in Missouri zur Welt kam. Der bekannte Tiertrainer Ralph McCutcheon kaufte ihn im Alter von 18 Monaten. McCutcheon erkannte seine Intelligenz und Lernbereitschaft und lehrte »Beaut«, wie er ihn nannte, unzählige Tricks, die ihn jedoch so einige Karotten kosteten. Beaut spielte in vielen Filmen mit. Er trug Elizabeth Taylor in »Giganten« auf seinem Rücken und stahl beinahe James Dean die Show. Im Spielfilm »Black Beauty« machte er hingegen auf traurige Pferdeschicksale aufmerksam.

Als Fury durfte sich der Hengst aber oft auch von seiner witzigen Seite zeigen. Und er genoss VIP-Status, verdiente er doch bis zu 5.000 Dollar pro Woche. Beaut hatte drei Doubles, je eines für Reit-, Kampf- und Steigszenen. Meist lief er frei am Set herum, und zu Hause durfte er im Swimmingpool seines Besitzers McCutcheon schwimmen gehen, wann immer ihm danach war.

36___Fusaichi Pegasus

Ein Geldschrank auf vier Beinen

Was macht den Wert eines Pferdes aus? Eine berühmte Abstammung, ein tadelloser Charakter oder die sportlichen Erfolge? Kommen diese drei Faktoren zusammen, so wie bei Fusaichi Pegasus im Jahr 2000, ist ein Zuchtbetrieb wie Coolmore auch mal bereit, rund 64 Millionen Dollar für einen Hengst auf den Tisch zu legen. Das gilt bis heute als die vermutlich höchste Summe, die je für ein Pferd bezahlt wurde.

Fu Peg, wie der Hengst genannt wird, kam 1997 zur Welt. Er ist ein in Amerika gezogenes englisches Vollblut, ein Sohn von Mr. Prospector (Faktor eins: hervorragende Abstammung). Als Jährling kaufte ihn der Japaner Fusao Sekiguchi für vier Millionen Dollar. Von ihm erhielt Fu Peg den Namen, eine Kombination aus »Fusao« und dem japanischen Wort »ichi«, was so viel bedeutet wie »Nummer eins« oder »der Beste«. Um seinem Pferd noch Flügel zu verleihen, hängte Sekiguchi kurzerhand den Pegasus aus der griechischen Mythologie an den Namen.

Der braune Hengst mit einem Stockmaß von 1,65 Metern ist muskulös gebaut, mit einer kräftigen Hinterhand, die für eine gute Beschleunigung im Rennen sorgt. Er hat einen starken Willen, einen etwas schrulligen Charakter und ist ein umgänglicher Typ (Faktor zwei: Typ und Charakter). Auf sich aufmerksam machte Fu Peg im Jahr 2000, als er das Kentucky Derby gewann (Faktor drei: sportlicher Erfolg). Für die erhoffte Triple Crown reichte es dann allerdings nicht. Er beendete seine Rennkarriere eher enttäuschend, was aber sein Startschuss zum erfolgreichen Zuchthengst sein sollte, da er ja alle drei Kriterien eines Topvererbers mitbrachte.

Doch Fu Peg konnte den Erwartungen nicht wirklich gerecht werden. Der Hype um den Braunen hat sich gelegt, die Decktaxe beträgt 2018 »nur« noch 7.500 US-Dollar. Fu Peg ist es egal. Er macht seinen Job, wie er es schon immer getan hat, morgens deckt er die Stuten, und nachmittags genießt er die saftigen Weiden Kentuckys.

37 __ Gaisen

Der Samurai und sein krankes Pferd

Gaisen lag am Boden, unfähig, den Kopf zu heben. Fukushima kniete neben ihm und strich ihm sanft über den Kopf. »Selbst jetzt macht er Geräusche, so traurig, und schüttelt seinen Mund. Es sieht aus, als ob er versucht, etwas zu sagen. Ich bin so bewegt, dass ich anfange zu weinen.« Das sind die Worte, die der Samurai Yasumasa Fukushima in sein Reisetagebuch schrieb.

Fukushima, hochintelligent und wortgewandt in zehn Sprachen, arbeitete sich früh an die Spitze des japanischen Heeres. Immer wieder schickte man ihn zu Verhandlungen ins Ausland. Er war Militärattaché in Berlin und sehr beliebt unter den Deutschen. Ihm kam die verrückte Idee, nach Japan zurückzureiten, ein Weg, der ihn 14.000 Kilometer durch Polen, Russland, Sibirien, die Mongolei und die Mandschurei führen sollte, entlang der Route der Transsibirischen Eisenbahn, deren Baufortschritt er für die Japaner wohl ausspionierte. Fukushima kaufte für sein waghalsiges Vorhaben einem deutschen Soldaten sein Pferd ab und nannte es Gaisen. Es war Freundschaft auf den ersten Blick. Am 11. Februar 1892 ritt er von Berlin los. Die Reise verlief gut, bis bei Novgorod in Russland Gaisen plötzlich lahmte und schwer atmete. Fukushima gönnte ihm eine Auszeit und rief den Tierarzt. Gaisens Zustand verschlimmerte sich. Er brach plötzlich zusammen und blieb liegen. Vermutlich war ein Hirnschlag dafür verantwortlich. Fukushima konnte nichts mehr für sein Pferd tun. Sein Befehl lautete, umgehend weiterzureiten. Er blieb diese letzte Nacht bei seinem treuen Freund. Am Morgen musste er den liegenden Gaisen in der Obhut eines Einheimischen zurücklassen. Der Samurai machte sich mit einem anderen Pferd und gebrochenem Herzen auf den Weg.

Am 29. Juni 1893 erreichte Fukushima Tokio. Die Medien berichteten ausführlich über ihn, und das Volk verehrte ihn als Helden, der den Adelstitel eines Barons verliehen bekam.

»Mein geliebtes Pferd konnte nicht mehr aufstehen. Es ist ein Notfall, der mich ohne ihn weiterreiten lässt, weg von diesem Ort voller schmerzlichem Bedauern. Wenn Gaisen ein Mensch wäre, frage ich mich, wie er sich fühlen würde. Wenn ich an seine Hilflosigkeit jetzt und in der Zukunft denke, kann ich nicht anders, als mich so schlecht und schmerzhaft zu fühlen.« *Aus dem Tagebuch von Yasumasa Fukushima (1852–1919)*

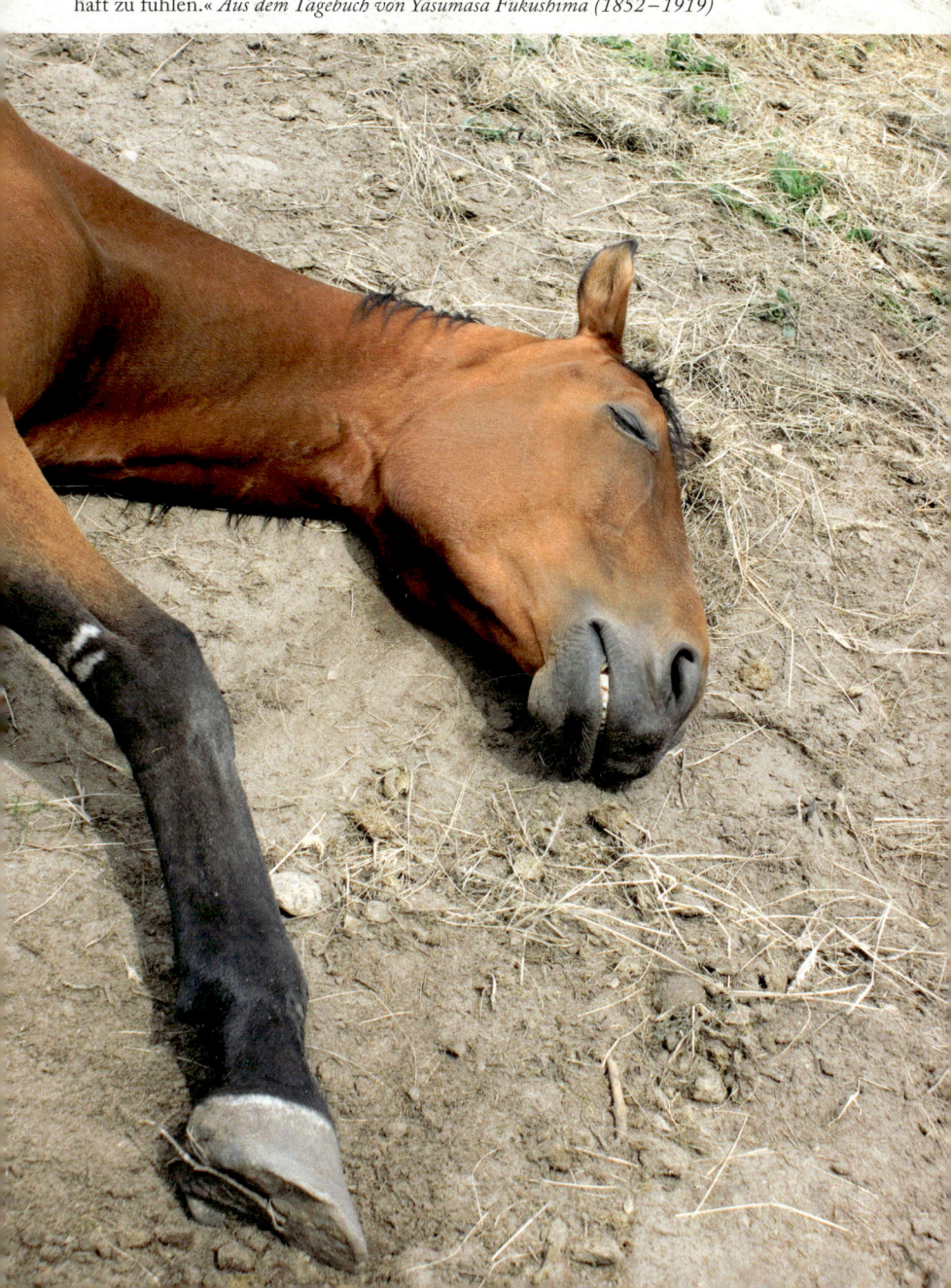

38 Geister der Steppe

Schatten im Mondschein der endlosen Prärie

Viele Sagen und Legenden ranken sich um die Geister der Steppe, um jene wilden Mustangs, welche die Büffeljäger jagten und die von den Indianern verehrt wurden.

Seinem Namen alle Ehre machte ein weißer Hengst, der mit seiner Herde durch Südtexas streifte und 1870 zum ersten Mal gesehen wurde. Es hieß, er sei so schnell, dass niemand ihn einfangen konnte. Angeblich jagten ihn 1882 zwei Büffeljäger vier Tage lang durch die Prärie, folgten ihm auf einer Strecke von über 500 Kilometern, bis sie ihn in einen Talkessel treiben konnten. Vor der steilen Wand gab es eine mit Schlamm gefüllte Bodensenke. Der Mustang wählte Tod statt Gefangenschaft und ertrank in dem Schlamm. Doch noch in der gleichen Nacht soll er den Büffeljägern als Geist wieder erschienen sein, wild wiehernd in die Freiheit hinausgaloppierend.

Eine andere Geschichte erzählt von einem blaugrauen Hengst mit silbernem Haar. Weder Mensch noch Zäune konnten ihn gefangen halten. Immer gelang ihm die Flucht. Nicht selten, so munkelte man, wurde er gleichzeitig an verschiedenen Orten gesehen. In klaren Nächten stand er auf einem Bergrücken, stolz und wild, als Schattenbild vor dem Mondlicht.

Es waren die Spanier, die um 1600 die Pferde nach Nordamerika brachten, meist Araber und Andalusier. Aus deren verwilderten Nachkommen entwickelten sich die Mustangs. Nachdem die Indianer der Plains ihre erste Ehrfurcht vor den unbekannten Tieren verloren hatten, begannen sie die Mustangs einzufangen und zuzureiten. Die Komantschen und Apachen zeigten Talent im Umgang mit den Tieren und waren begnadete und furchtlose Reiter. Jagd- und Raubzüge mit Pferden brachten große Vorteile mit sich. Treue Tiere wurden nicht selten mit einer prachtvollen Zeremonie wieder in die Freiheit entlassen. Weniger Glück hatten jene Mustangs, welche geopfert wurden, um den großen oder bösen Geist zu besänftigen.

»Das Pferd ist der wertvollste Besitz eines Indianers. Wenn ein Indianer etwas Wichtiges vorhat, dann verspricht er seinem Pferd, es mit Erdfarben zu bemalen, wenn es ihn unterstützt, sodass alle sehen können, wie sein Pferd ihm geholfen hat.« *Brave Buffalo, Medizinmann der Teton Sioux (Mitte/Ende des 19. Jahrhunderts)*

39 Godolphin Arabian
Die Abenteuer eines legendären Pferdes

Die Forscher sind sich bis heute nicht einig, ob der etwa 1725 geborene Godolphin Arabian ein Araberhengst aus dem Jemen war oder ein Berber aus Tunesien. Belegt ist, dass der Bey von Tunis das Pferd als Geschenk für König Ludwig XV. nach Frankreich schickte. Als der Hengst, der damals noch El Sham hieß, nach der langen Reise in Paris ankam, soll er in einem so schäbigen Zustand gewesen sein, dann man ihn nur als Fuhrpferd nutzte und vor den Abfallkarren spannte. Man weiß heute, dass El Sham einen schwierigen Charakter hatte und deshalb verkauft wurde.

Ein Quäker namens Edward Coke brachte ihn nach England auf sein Gestüt in Derbyshire. Dort sollte er als Probierhengst seine Arbeit verrichten. Probierhengste sind jene armen Kerle, die sich vor dem eigentlichen Deckhengst an die Stuten herantasten und die Schläge abbekommen, sollten sie nicht deckwillig sein. Vielleicht zeigten sich hier zum ersten Mal El Shams Vorzüge, denn die Stute Roxana ließ nur El Sham und nicht den für sie ausgesuchten Hengst Hobgoblin an sich heran. Sie gebar elf Monate später das Fohlen Lath, welches eines der erfolgreichsten Rennpferde seiner Zeit werden würde.

Coke starb 1733, und El Sham kam in den Stall von Francis Godolphin, zweiter Earl of Godolphin. Von ihm erhielt er seinen neuen Namen Godolphin Arabian. Der Hengst war ein ausgezeichneter Vererber und wurde zu einem der drei Stammväter des englischen Vollbluts. So war sein Sohn Regulus der Großvater des legendären Eclipse. Etwa im Alter von 30 Jahren starb Godolphin Arabian und wurde auf Wandlebury begraben, wo sein Gedenkstein noch heute liegt.

Seine Lebensgeschichte diente der Autorin Marguerite Henry als Vorlage für ihr Jugendbuch »König des Windes«. Die Geschichte wurde 1990 unter dem gleichen Titel verfilmt. Auch der Schriftsteller Franz Born widmete sein Buch »Hengst der Sonne« dem großen Godolphin Arabian.

GODOLPHIN ARABIAN.

A true portrait taken from life by D. Murrier, painter to H. R. H. the Duke of Cumberland.

THE·GODOLPHIN·ARABIAN
DIED·IN·1753
AGED 29

40__Haizum

Ein Pferd für die Armee der Engel

Liest man etwas von einem prachtvollen weißen geflügelten Pferd, hat man unweigerlich das Bild des Pegasus vor Augen. Aber es gab in der Antike noch ein weiteres göttliches Pferd, das vom Himmel herabflog, auch wenn über dieses nicht viel in den Geschichtsbüchern geschrieben steht.

Ein wichtiges Ereignis in der Frühgeschichte des Islams ist die Schlacht von Badr am 17. März 624 im Westen des heutigen Saudi-Arabien. Sie ist eine der wenigen Schlachten, die im Koran erwähnt werden. Prophet Mohammed zog gegen die Quraisch in den Kampf, einen mächtigen arabischen Stamm, der über Mekka herrschte und in der damaligen Zeit eine führende politische Rolle einnahm. Mekka, die Heimatstadt des Propheten, galt als wichtiger Wallfahrtsort. Die Schlacht war kurz und siegreich für die zahlenmäßig unterlegenen Muslime, denn der Prophet konnte in der Schlacht auf göttliche Hilfe zählen.

Eine Armee von 500 Engeln stürzte vom Himmel herab, angeführt vom Erzengel Gabriel. Unterstützt wurde die Armee der Engel von Haizum, einen flammenden Schimmel, so weiß, dass sein Anblick das menschliche Auge blendete, mit zwei prachtvollen, riesigen Flügeln. Er flog, vom Wind getragen, so schnell durch die Lüfte, dass die Menschen ihn vom Boden aus kaum ausmachen konnten. Mit Gabriels Schlachtruf »Auf, Haizum!« stürzte sich die Engelsarmee in den Krieg. Haizum selber soll die Kämpfer der Quraisch mit seinen starken Hufen regelrecht zu Staub zermahlen haben.

Doch Haizum taucht in der Geschichte nicht nur in der Schlacht von Badr auf. Einer weiteren Erzählung nach soll der Staub, welcher die Hufe Haizums aufwarf, ins Maul des Goldenen Kalbs geschleudert worden sein – jenes Goldenen Kalbs, welches die Israeliten nach dem Auszug aus Ägypten als Götzenbild verehrten, während sie auf Moses Rückkehr warteten, der auf dem Berg Sinai die Zehn Gebote Gottes erhielt.

41__Halla

Das Wunder von Stockholm

Hallas Mutter war Helene, eine Beutestute unbekannter Abstammung. Im Zweiten Weltkrieg von einem deutschen Offizier den Franzosen gestohlen, kam sie nach Darmstadt, wo sie mit dem Traberhengst Oberst heimlich ein Fohlen zeugte.

Als »Kind der Liebe« war Halla ein wildes Fohlen mit einem großen Freiheitsdrang, Eigenschaften, die sie später schwierig zu reiten machten. Ihre Karriere begann sie mit Hindernisrennen. In Warendorf sollte sie danach zu einem Militarypferd umgeschult werden, doch die Reiter verzweifelten an ihrem eigenwilligen Charakter. Dann trat Hans Günter Winkler in ihr Leben. Er trainierte sie mit Einfühlungsvermögen, nahm Druck von der Stute und ließ ihr die Freiheit, die sie brauchte. Ein Jahrhundertspringpferd war geboren. Unter Winkler gewann Halla zwei Weltmeistertitel und olympisches Gold.

Der legendäre Ritt für Mannschaftsgold 1956 bei den Olympischen Spielen von Stockholm ging in die Geschichte ein. In der ersten Runde, noch fehlerfrei, sackte Winkler beim vorletzten Sprung plötzlich zusammen. Irritiert krachte Halla daraufhin in den letzten Sprung und trug ihren bewusstlosen Reiter vom Platz. Der Arzt diagnostizierte einen Leistenbruch. Doch die Mannschaft konnte nur Gold gewinnen, wenn Winkler zum zweiten Durchgang antrat. Er tat es. Vollgepumpt mit Medikamenten, nahe an der Bewusstlosigkeit und mit grausamen Schmerzen ritt er ein. Halla fühlte, dass die Verantwortung jetzt bei ihr lag. Mit einem gekrümmt sitzenden Reiter, der ihr nur noch den Weg zeigen konnte und bei jedem Sprung vor Schmerzen schrie, absolvierte sie den Parcours fehlerfrei und holte für das Team Olympiagold. »Und Halla lacht, als wüsste sie, um was es geht«, rief der Reporter Isenbart begeistert den legendär gewordenen Satz ins Mikrofon.

1960 zog Winkler seine Stute vom Sport zurück. Sie gebar acht Fohlen und starb im hohen Alter von 34 Jahren.

42 Haruurara

Das schlechteste Rennpferd aller Zeiten

Die Stute Haruurara besaß das Talent, mit ihren über 100 Niederlagen die Tribünenplätze der Rennbahnen in Japan zu füllen. Die Fans trugen T-Shirts mit ihrem Bild und dem Slogan »Never give up« oder kauften Glücksbringer, geflochten aus den Schweifhaaren. Haruurara war das Aushängeschild einer Biermarke, Mangahefte wurden ihr gewidmet und ihr Leben verfilmt. Mit ihren Niederlagen rettete sie den Pferderennen-Veranstalter Kochi vor dem Bankrott.

Doch wer war diese braune Stute, die mit pinkfarbener Rennausrüstung an den Start ging? Haruurara kam 1996 in einem Stall in Hokkaido zur Welt. Das schwache Fohlen mit dem poetischen Namen »Lieblicher Frühling« fand keinen Käufer, so bildete der Züchter Nobuta Bokujo die Stute selber aus. Sie lief viele Rennen – und verlor sie alle, mit hängender Zunge, schlotternden Beinen und völlig ausgepumpt.

2003 sollte ein Schlachter ihre erfolglose Karriere beenden, doch ihr Trainer setzte sich für sie ein, wie auch unzählige Rennsportfans, die das ewige letzte Pferd in ihr Herz geschlossen hatten – nahm Haruurara doch jedes Rennen mit viel Willenskraft in Angriff, auch wenn ihr schon vor dem Start der Angstschweiß herunterlief. Sie galt als neurotisch. Geplagt von Lampenfieber fraß sie vor einem Rennen nicht einmal eine Karotte. Sie bekam den Übernamen »Der glänzende Stern der Verlierer«. Ein regelrechter Hype entstand um das Pferd.

Die Underdog-Stute weckte den Kampfgeist der Japaner, stärkte ihren Glauben an Erfolg, auch wenn der Weg mit Niederlagen gepflastert war.

In ihrer sechsjährigen Karriere verlor Haruurara 113 Rennen, zweimal wurde sie Zweite. Sie brachte gerade einmal eine Gewinnsumme von etwas mehr als 9.000 Dollar ein. 2004 lief sie ihr letztes Rennen. Seither genießt sie ihr Gnadenbrot auf den Weiden Hokkaidos.

43__Herodot

Ein Beutepferd für Napoleon

Der Apfelschimmel Herodot, ein englisches Vollblut, wurde 1794 auf dem Gestüt Ivenack im deutschen Mecklenburg-Vorpommern geboren. Obwohl Herodot nie ein Rennen lief, war er einer der besten Beschäler Deutschlands und berühmtester Hengst seiner Zeit.

Um sein Schicksal ranken sich viele Legenden, die aber der Wahrheit sehr nahe kommen dürften. Napoleon Bonaparte, ein schlechter Reiter, aber ein großer Pferdeliebhaber, hörte bei seiner Besetzung Mecklenburgs von dem wundervollen Tier. Er wollte Herodot für sein eigenes Zuchtgestüt nach Frankreich holen und trug seinen Soldaten auf, ihn bei einem Besuch des Gestüts zu entführen. Doch die Deutschen hörten davon und versteckten den Hengst in einer ihrer riesigen hohlen Eichen. Enttäuscht machten sich die Franzosen ohne Herodot auf den Rückweg. Dumm nur, dass sie mit ihren Stuten an der mächtigen Eiche vorbeiritten und Herodot laut zu wiehern begann. So kam der Hengst doch auf Napoleons Gestüt, wo er von nun an französische Stuten beglückte. Angeblich war es Napoleons Frau, die Kaiserin Joséphine, die sich in seinen Sattel schwang. Den Gerüchten nach ist Napoleon persönlich auf Herodot geritten, als er in Paris einmarschierte.

Nach Napoleons Niederlage bei Waterloo kam es zu Friedensverhandlungen in Wien. Hier soll Generalfeldmarschall Gebhard Leberecht von Blücher, Fürst von Wahlstatt, ausdrücklich um die Rückgabe von Herodot nach Ivenack gebeten haben. So wurde Herodot von Marseille wieder zurück nach Mecklenburg geritten und erholte sich in seiner alten Heimat von den Strapazen. Er war unterdessen auf einem Auge erblindet. Bis zu seinem Tod im hohen Alter deckte er wieder deutsche Stuten. Er wurde unter der »Herodot-Eiche« zwischen Stavenhagen und Ivenack begraben. Der alte Baum ist mittlerweile durch einen neuen ersetzt worden, doch noch immer wacht eine Eiche über die Legende des stolzen Hengstes Herodot.

Der Ivenacker Tiergarten und der Baumkronenpfad mit den 1.000-jährigen Eichen und dem Grab Herodots ist täglich geöffnet. Nationales Naturmonument Ivenacker Eiche, 17153 Ivenack, Deutschland, www.wald-mv.de

44 Hidalgo

Wüstenromantik – oder doch nur heiße Luft?

Der amerikanische Kurierreiter Frank T. Hopkins wird um 1890 von Scheich Riyadh zu dem spektakulären 3.000-Meilen-Rennen durch die arabische Wüste eingeladen. Auf seinem Mustang Hidalgo nimmt Hopkins es mit den Wüstensöhnen auf ihren arabischen Vollblütern auf.

Der Cowboy Hopkins, 1865 geboren, war nach eigenen Angaben ein erfolgreicher Distanzreiter. Seine Biografie gilt allerdings als umstritten. Es gibt keine unabhängigen Quellen, die seine Abenteuer belegen. Er selbst behauptete, der Enkel eines Sioux-Häuptlings zu sein, der im Alter von zwölf Jahren der Armee beitrat. Später soll er in Buffalo Bills Wild-West-Show aufgetreten sein, die ihn nach Paris und letztlich nach Arabien führte. Das 3.000-Meilen-Rennen habe er nach 68 Tagen als erster Ausländer mit einem mehrstündigen Vorsprung gewonnen, behauptete Hopkins. Am Wahrheitsgehalt seiner abenteuerlichen Erzählungen wird stark gezweifelt, so finden sich in den akribisch geführten Armeeunterlagen keine Hinweise auf Hopkins, auch nicht auf gewonnene Distanzritte oder Auftritte mit Buffalo Bill. Selbst das 3.000-Meilen-Rennen ist Historikern nicht bekannt.

Trotzdem lieferte seine Biografie genug Stoff, um verfilmt zu werden. Disney brachte 2004 den Film »Hidalgo – 3000 Meilen zum Ruhm« heraus und vermarktete ihn als »True Story«. Für die Rolle des Hidalgo wurden fünf Paint Horses ausgebildet, die Hauptrolle übernahm RH Tecontender. In der Rolle des Hopkins ritt der Schauspieler Viggo Mortensen durch die Wüste, selber ein Pferdeliebhaber und hervorragender Reiter. Nach dem Dreh erwarb Mortensen RH Tecontender und brachte ihn auf seine eigene Farm.

Im Film berühren uns das Kämpferherz des kleinen Mustangs Hidalgo sowie Mortensens Charme. Beinahe klischeehaft rennen sie gegen die Araber um den Sieg. Wüstenromantik pur zum Dahinschmelzen – ob wahr oder nicht, sei dahingestellt.

»Mutlose Männer sind wie jämmerliche Pferde, die gerade genug Mut und Feuer behalten haben, um bockig zu sein.« *Alexander Pope, englischer Dichter (1688–1744)*

45 Hippocampus

Biologie, Anatomie oder doch Mythologie?

Was haben ein Fisch, ein Teil des Gehirns und ein Fabelwesen gemeinsam? Sie teilen sich den gleichen Namen: Hippocampus.

Wir kennen alle das Seepferdchen, jenen niedlichen Fisch, dessen Kopf uns Pferdenarren sofort an ein arabisches Vollblut erinnert. Wer zudem im Anatomiekurs gut aufgepasst hat, dürfte sich an den Hippocampus im Gehirn erinnern, der eben wie ein kopfloses Seepferdchen aussieht und deshalb auch seinen Namen bekam. Der Hippocampus liegt beidseits im inneren Bereich des Temporallappens und dient vereinfacht gesagt als eine Art Schaltstelle, welche Erinnerungen aus dem Kurzzeit- ins Langzeitgedächtnis weiterleitet. Ohne den Hippocampus in unserem Gehirn könnten wir Menschen keine Geschichten abspeichern und uns nicht an die Mythologie des Hippocampus erinnern, jenes Fabelwesen, welches erst dem Fisch und später dem Hirnteil seinen Namen gab.

In der griechischen Mythologie wird der Hippokamp, wie er auch genannt wird, als Zug- und Reittier der Meeresgötter verehrt. Er hat den Kopf und die Vorderbeine eines Pferdes, aber das Hinterteil eines Fisches. Seinen Fischschwanz trägt er meistens eingerollt wie eine Seeschlange. Oft ist er geflügelt.

Den Legenden nach ritten die 50 Nereïden auf den Hippokampen durch die Meere. Nereïden waren Nymphen, welche Schiffbrüchige beschützten und die Seeleute mit Musik unterhielten. Die bekannteste der Nereïden war Amphitrite, die Frau von Poseidon, der seinerseits eng mit dem Pferd verbunden war. Poseidon, der Bruder des Zeus, galt nicht nur als Gott des Meeres, sondern auch als Beschützer der Pferde. Hippokampen zogen seinen Streitwagen, begleitet von Delphinen, während Poseidon aufrecht und stolz mit seinem Dreizack auf dem Wagen stand. Poseidon zu Ehren gab es einen Hippioskult, und nicht selten versenkten Seefahrer als Opfergabe Pferde im Mittelmeer, um bei Poseidon eine sichere Überfahrt zu erbitten.

46 Huaso

Beim dritten Versuch zum ewigen Weltrekord

1949 wurde in Chile ein sportlicher Weltrekord aufgestellt, der bis heute besteht – und hoffentlich auch nie gebrochen wird. Es war der chilenische Offizier Alberto Larraguibel, der auf seinem 16-jährigen englischen Vollbluthengst Huaso in Viña del Mar zu einem Mächtigkeitsspringen antrat.

Wie kam es dazu? Am 27. Oktober 1938 stellte das Pferd Osoppo unter seinem Reiter Gutierrez den damaligen Rekord von 2,44 Metern auf und schaffte es damit ins Guinnessbuch der Rekorde. Larraguibel war fest entschlossen, mit Huaso diesen Rekord zu brechen. Er trainierte sein Pferd zwei Jahre lang auf den Anlass hin.

Am 5. Februar 1949 war es so weit. Das gewaltige Hindernis von 2,47 Metern war errichtet. Die Zuschauer standen mucksmäuschenstill auf ihren Rängen. Huaso nahm Anlauf – und verweigerte. Larraguibel gestand, er habe die Distanz zum Absprung falsch eingeschätzt. Hätte er Huaso zu dem Sprung gezwungen, hätte das Pferd das Vertrauen in ihn verloren und wäre nicht mehr gesprungen. Es kam zum zweiten Versuch. Aber die Höhe reichte nicht, Huaso touchierte mit der Hinterhand die oberste Stange, und Pferd und Reiter stürzten fürchterlich zu Boden. Es grenzt an ein Wunder, dass sie sich dabei nicht verletzten, betrachtet man heute die Bilder. Der Sturz hielt sie jedoch nicht von einem dritten Versuch ab. Die Zuschauer hielten den Atem an, als Huaso erneut zu einem Sprung ansetzte. Diesmal erhob er sich in die Lüfte wie ein Vogel. Larraguibel erzählte später, aus einer Höhe von vier Metern auf den Boden hinabzublicken sei furchteinflößend gewesen, der Fall nach dem Sprung schien endlos. Doch diesmal landete Huaso sicher auf seinen Hufen und machte mit seinem Weltrekord eine ganze Nation stolz.

Gebrochen wird dieser Rekord wohl nie mehr, sind solche hohen Sprünge doch lebensgefährlich für Pferd und Reiter und nach heutigem Denken eindeutig Tierquälerei.

47 Iltschi

Der Indianer und sein Mustang

Wie könnte es anders sein, als dass Blutsbrüder wie Winnetou und Old Shatterhand auf Pferden ritten, die ebenfalls verbrüdert waren. Der Indianerhäuptling saß auf dem treuen Rapphengst Iltschi, dessen Namen von der Sprache der Apachen abgeleitet ist und »Wind« bedeutet. Winnetou schenkte seinem Freund Iltschis Bruder, den ebenfalls schwarzen Hatatitla, was mit »Blitz« übersetzt werden kann. Die Pferde, die einzig in den Filmen, aber in keinem Buch mit Namen erwähnt werden, trugen den Indianer und den Cowboy über die Weiten der Prärie und bestanden gemeinsam wilde Abenteuer.

Der 1842 geborene Karl May ist mit seinen Romanen und Reiseerzählungen bis heute einer der meistgelesenen deutschen Schriftsteller, mit einer Gesamtauflage von geschätzten 200 Millionen Exemplaren weltweit. Unvergesslich sind seine Abenteuergeschichten aus dem Orient und dem Wilden Westen, wobei die Erzählungen rund um den edlen und guten Mescalero-Apachen-Häuptling Winnetou wohl die berühmtesten sind und auch mehrfach verfilmt wurden. Karl May selbst bewegte sich in einer Abenteuerwelt, ließ Wahrheit und Fiktion untrennbar verschmelzen, lebte zwischen Genie und Wahnsinn, zwischen Utopie und harter Realität, zwischen Gesetz und Verbrechen und sah nicht selten eine Gefängniszelle von innen. Auf dem Rücken eines Pferdes wurde Karl May nur einmal beobachtet. Er soll auf einem gestohlenen Tier aus dem Stall einer Wirtschaft in Bräunsdorf geflohen sein. Doch statt es zurückzugeben, hat er es einem Pferdemetzger verkauft, so das Gerücht.

Die Geschichte von Winnetou endet für sein treues Pferd Iltschi nicht weniger dramatisch. So heißt es im dritten Band, Kapitel acht, beim Begräbnis des Häuptlings: »Er sitzt mit seinen sämtlichen Waffen und seinem vollständigen Kriegsschmucke aufrecht auf seinem deshalb erschossenen Pferd im Innern des Erdhügels, welchen wir um ihn wölbten.«

Die Karl-May-Spiele in Bad Segeberg. Seit 1952 findet jeden Sommer das Spektakel um Winnetou und Old Shatterhand in einem der schönsten Freilichttheater Europas statt. Wildwest-Action und Indianerromantik für 7.500 Zuschauer (www.karl-may-spiele.de).

48__Incitatus

Ein Rennpferd mit politischen Ambitionen

Um den römischen Kaiser Caligula ranken sich viele Geschichten, die jedoch nur spärlich belegt sind. Er war bestimmt kein angenehmer Mensch, arrogant und zynisch, mit einem Hang zum Sadismus. Im Jahr 12 als Urenkel von Kaiser Augustus geboren, verlor er seine Eltern früh und lebte als Thronfolger in ständiger Angst vor Mordanschlägen.

Mit 25 Jahren wurde er Kaiser über das Römische Reich. Steuersenkungen und zelebrierte Gladiatorenkämpfe ließen ihn erst hochleben, doch rasch zeigte sich seine dunkle Seite. Willkürlich ließ er Hinrichtungen anordnen, von denen auch sein Adoptivsohn, sein Schwiegervater und hohe Senatoren nicht verschont blieben. Sein Motto: »Oderint, dum metuant.« – »Sollen sie mich hassen, solange sie mich fürchten.« Ob die ständige Angst, gepaart mit der inzestuösen Familienpolitik der damaligen Zeit, Caligula in den Wahnsinn trieb, wie es in alten Schriften erzählt wird, bleibt Vermutung. So weiß man nicht mit Sicherheit, wie weit die Geschichten um sein Lieblingspferd Incitatus den Tatsachen entsprechen.

Incitatus war ein erfolgreiches Rennpferd. In der Nacht vor einem Rennen soll der Kaiser rund um die Arena die Straßen gesperrt haben, damit sich Incitatus in Ruhe auf ein Wagenrennen vorbereiten konnte.

Incitatus soll später einen eigenen Palast erhalten haben, mit einem Stall aus Marmor und einer Futterkrippe aus Elfenbein. Er fraß goldfarbene Gerste und trank Wein aus vergoldeten Kelchen. Zaum und Sattel waren mit Edelsteinen und Perlen geschmückt. Caligula war so von der Treue seines Pferdes angetan, dass er ihm den Rang eines Konsuls und einen ständigen Sitz im Senat verleihen wollte, denn auf die Stimme des Pferdes hätte er zählen können. Doch so weit kam es nicht. Im Jahr 41 wurde Caligula im Alter von 29 Jahren durch die Prätorianergarde ermordet und damit seiner Schreckensherrschaft ein Ende gesetzt.

49 Jacket

Der Tierflüsterer und das Bettpferd

Er setzte sich auf die Bettkante, gähnte, schüttelte etwas gelangweilt und unbeeindruckt den Kopf und legte sich schließlich hin. Damit ihm auch ja nicht kalt wurde, zog sich Jacket noch schnell selbst die Decke über. Das Publikum war begeistert – und Jacket hielt trotz tosendem Applaus sein Nickerchen.

»Wenn man ein Tier nicht versteht, kann man ihm auch nichts beibringen!« Tierverständnis und unendlich viel Geduld waren Toni Hocheggers Zauberworte. Er war ein begnadeter Tierdresseur und erlangte zusammen mit Jacket als Bettpferd Weltruhm. Geboren wurde der Österreicher 1932 in der Steiermark. 1951 kam er in die Schweiz, wo er beim Nationalzirkus Knie als Tierpfleger seine Karriere begann. Fredy Knie erkannte bald Hocheggers Fähigkeit, die Tiere zu verstehen, und förderte sein Talent. Viele Jahre arbeitete Hochegger beim Zirkus als Tierlehrer, brachte Giraffen, Nilpferden, Nashörnern, Hunden, Elefanten und natürlich den Pferden allerlei Kunststücke bei.

Danach machte sich Hochegger selbstständig, tourte mit seinen Tiernummern durch die ganze Welt. Zu ihrem zehnten Hochzeitstag 1974 schenkte ihm seine Frau Bärbel ein Pferd: Jacket. Hochegger wurde in Bayern sesshaft und nahm sich zwei Jahre Zeit, den Apfelschimmel zu dressieren. Das Besondere an seiner Bettpferd-Nummer: Sie war nicht an eine Zirkusmanege gebunden, konnte auf engstem Raum vorgeführt werden, selbst auf einer Theaterbühne. Hochegger und Jacket traten zum Beispiel im Fernsehgarten oder im Musikantenstadl auf. Um in ein Fernsehstudio zu gelangen, fuhren die beiden einmal sogar mit dem Lift den Fernsehturm von Düsseldorf hoch. Für Jacket kein Problem.

Auf dem Familienhof in Bayern ging Jacket schließlich in den wohlverdienten Ruhestand und gab seine Nummer an die Pferde Pascha und Jocker ab. Heute führt Hocheggers Tochter Rosi mit dem Knabstrupper Scout das Erbe ihres Vaters weiter.

50 Jappeloup de Luze
Ein Dream-Team mit Startschwierigkeiten

Es war nicht die Liebe auf den ersten Blick, und zu Beginn ihrer gemeinsamen Karriere waren sie kein Dream-Team. Es sollte Jahre dauern, bis zwischen Jappeloup de Luze und Pierre Durand eine tiefe Freundschaft entstand, die zu unglaublichen Leistungen im Springsport führte.

Jappeloup kam 1975 nahe der französischen Stadt Bordeaux zur Welt. Er war der Sohn eines Trabers und einer Vollblutstute, ein schmächtiger dunkelbrauner Wallach, der nur eine Größe von 1,58 Metern aufwies. Zu klein für ein Springpferd? Der Züchter Henry Dario und seine Enkelin Raphaëlle erkannten Jappeloups Springvermögen. Der junge Durand, der sich damals nicht zwischen Jurastudium und Reitsportkarriere entscheiden konnte, sah das Pferd als Dreijährigen unter Raphaëlle springen. Der Wallach war wild und ungestüm und scheute bei vielen Hindernissen. Durand wandte sich dem Jurastudium zu und lehnte den Kauf von Jappeloup ab.

Zwei Jahre später sah er ihn erneut in einem Parcours, geritten von der jungen Nadja. Jappeloup verweigerte und warf seine Reiterin ab. Doch Durands Vater erkannte sein Potenzial und kaufte das Pferd. Eine wahre Odyssee begann, gekennzeichnet von Hochs und Tiefs. Durand heiratete Nadja. Und er engagierte Raphaëlle als Pflegerin für Jappeloup. 1982 gewannen sie die französischen Meisterschaften, blamierten sich aber bei den Olympischen Spielen in Los Angeles zwei Jahre später, als Jappeloup verweigerte und seinen Reiter in ein Hindernis katapultierte. Durand, ebenso temperamentvoll wie sein Pferd, wollte Jappeloup in seiner Wut verkaufen. Es waren die beiden Frauen, die ihn letztlich zur Raison brachten und Durand klarmachten, dass Jappeloup keine Maschine war und einen Freund als Reiter brauchte. Die neue Einstellung und die keimende Freundschaft zahlten sich aus. Bei den Olympischen Spielen in Seoul 1988 holten sie Gold und wurden zu französischen Nationalhelden.

51_Jim
Lebensretter und Todesengel

Diphtherie ist eine akute Infektionskrankheit, die vor allem bei Kindern auftritt und die oberen Atemwege befällt. Heute ist sie in Europa dank Schutzimpfung nahezu ausgerottet. Früher führte die Krankheit nicht selten zum Tod, vor allem durch Ersticken, da die Atemwege zuschwellen. Traumatisierende Behandlungen mit Intubationswerkzeugen waren eine Tortur für die Kinder und Eltern und sicherten keinesfalls das Überleben.

Es war ein Segen, als um 1890 in den USA eine Serum-Therapie entdeckt wurde. Wissenschaftler fanden heraus, dass Tiere, die mit dem giftstoffbildenden Bakterium, welches die Diphtherie auslöst, infiziert wurden und überlebten, im Blut Antikörper bildeten. Injizierte man erkrankten Kindern das mit diesen Antikörpern angereicherte Blutserum solcher Tiere, konnte man den Verlauf der Krankheit kontrollieren und somit vielen Patienten das Leben retten.

Das Pferd war als Spender am besten geeignet. Ein großes Tier mit viel Blut lieferte auch eine große Menge Antiserum. Außerdem zeigte sich die Ansteckung mit Diphtherie bei Pferden meist nur durch leicht erhöhte Temperatur, die Krankheit war rasch überstanden und die Pferde danach immun. Einer der Spender war Jim, ein ehemaliges Milchwagenpferd. Von ihm wurden bis zu seinem Tod 28 Liter Blutserum gewonnen, und er rettete damit vielen Kindern das Leben.

Am 2. Oktober 1901 jedoch zeigte Jim die ersten Anzeichen von Tetanus. Der Verdacht auf Wundstarrkrampf bestätigte sich, und die Ärzte erlösten den armen Jim von seinen Schmerzen. Leider zu spät, wie sich herausstellte. Seine letzte Dosis Blutserum vom 30. September war bereits im Umlauf – und mit Tetanus kontaminiert. 13 Kinder starben qualvoll an Wundstarrkrampf. Diese Tragödie führte zu einem Umdenken in der Kontrolle der Medikamentenherstellung und zur Gründung der US-amerikanischen Arzneimittelbehörde.

52__Joey
Die Reise eines Pferdes durch den Krieg

Es ist ein emotionales Abenteuer, das auf die Tränendrüse drückt. »Gefährten« ist ein Film von Steven Spielberg, basierend auf Michael Morpurgos Jugendbuch »War Horse«, und erzählt die Geschichte des Kriegspferdes Joey, welches im Ersten Weltkrieg von dem Jungen Albert getrennt wird und sich alleine auf den Rückweg macht, um seinen Freund wiederzufinden. Der Film ist ein Schützengrabenmärchen nahe am Kitsch mit einer einfachen Botschaft: Ein Pferd kann selbst in Kriegszeiten die Menschen vereinen.

Unterwegs begegnet der mutige Joey auf beiden Seiten Menschen und ihren Schicksalen. Es ist ein Film über Hoffnung in aussichtslosen Situationen und ein Film, bei dem man besser zwei Packungen Taschentücher bereithält. Die Szene, wie der verletzte Joey zwischen den Fronten im Niemandsland liegt und ein deutscher und ein britischer Soldat ihn gemeinsam zu retten versuchen, ist herzzerreißend, da verzeiht man die Überdosis Pathos und Märchenwunschdenken – oder nicht?

Der Film hätte den Wahnsinn des Ersten Weltkrieges aus der Sicht eines Pferdes aufzeigen können, doch der Krieg ist nur Nebenschauplatz, stattdessen wird die Suche Joeys nach Albert hochstilisiert.

Um solch einen Film auf die Leinwand zu bringen, braucht es die richtigen Darsteller. Nur wenige Szenen sind computergeneriert. Joey springt tatsächlich über einen Panzer und rennt durch Stacheldraht, auch wenn der Stacheldraht nicht echt war und das Stuntpferd sich nicht verletzen konnte. Was wir Zuschauer nicht mitbekommen: Für den Film spielte nicht ein Pferd die Hauptrolle, sondern gleich 14 Tiere, die je nach Situation eingesetzt wurden. Eine wichtige Rolle am Set ergatterte sich das Pferd Finder von Pferdetrainer Bobby Lovgren. Es war auf Freiheitsdressur spezialisiert und konnte wie ein echter Schauspieler auf Abruf Emotionen wie Angst und Trauer zeigen.

53 Jolly Jumper

Der Philosoph unter den Vierbeinern

Welcher Reiter wünscht sich nicht ein Pferd, mit dem er angeln gehen kann, das für ihn die Einkäufe erledigt, die Wäsche aus dem Wäschesalon holt, das ihm aus der Zeitung vorliest und mit dem er am Abend eine Partie Schach spielen kann – und, ganz wichtig, mit dem er sich während des Armdrückens unterhalten kann. Gut, ein Pferd wie Jolly Jumper wäre für den einen oder anderen Reiter zu intelligent, zu spitzfindig und sarkastisch – und einen Hauch zu philosophisch veranlagt. Doch der gute Lucky Luke überhört gerne mal die giftigen Kommentare, wenn sein weißer Appaloosa ihm wieder einmal das Leben rettet. Steht er doch ungefragt genau im richtigen Moment vor dem Gerichtssaal parat, aus dem sich der Cowboy in letzter Sekunde vor einem Kugelhagel mit einem Sprung aus dem Fenster in Sicherheit bringen kann.

Der belgische Zeichner Maurice de Bevere, alias Morris, schuf 1946 das Comic-Dream-Team Lucky Luke und Jolly Jumper. Das »Fröhliche Springpferd«, wie sein Name übersetzt lautet, spielt zwar eher die zweite Geige und muss seinem Cowboy die Hauptrolle überlassen, doch wenn es etwas Wichtiges zu sagen gibt, bekommt Jolly Jumper das letzte Wort. Und sind wir ehrlich: Es ist das Pferd, das auf seinen Reiter aufpasst. Und nur dank ihm kriegt der Held die Dalton-Brüder meist zu fassen.

Lucky Luke zieht seine Waffe schneller als sein lahmer Schatten, dafür ist Jolly Jumper das schnellste Pferd im Wilden Westen und rennt trotz überlangen Hufen und Beinfehlstellung allen brenzligen Situationen davon und rettet so seinem Revolverhelden immer wieder das Leben.

Als Pferdenarr fragt man sich aber schon, von welchem miserablen Hufschmied sich Jolly Jumper regelmäßig eine Pediküre verpassen lässt. Aber wenn das Pferd schon selbstständig zum Schmied geht, fragt sein Besitzer wohl nicht weiter nach. Wer schaut schon einem geschenkten Gaul ins Maul?

54 Kalif

Märchenpferd auf dem Bahnsteig vergessen!

Wenn die Nächte länger werden, die Schneeflocken fallen und der Christbaumschmuck bereitsteht, kommt wieder die Zeit für »Drei Nüsse für Aschenbrödel«. Wer hat nicht schon als Kind das Märchen geliebt und greift noch heute als Erwachsener (heimlich) zur Fernbedienung, wenn der Film im Programm steht?

Pferdeliebhabern schlägt dann das Herz höher, wenn der Schimmel Nikolaus mit Aschenbrödel im Prinzessinnenkleid über die verschneiten Felder galoppiert. Doch wem ist aufgefallen, dass Nikolaus in manchen Szenen ein graues Maul, in anderen ein Milchmaul hat? Der mit dem grauen Maul ist der Hengst Ibrahim, der bei den Dreharbeiten in Tschechien eingesetzt wurde. Wegen der Maul- und Klauenseuche durfte er 1973 nicht für weitere Filmaufnahmen in die DDR einreisen. Die Crew musste ein Ersatzpferd finden. Es war Kalif, ein 1,55 Meter großer Araber der Betriebssportgemeinschaft der DEFA in Babelsberg.

Kalifs eigene Geschichte, von Christof Müller recherchiert, würde Stoff für einen Film liefern. Wahrscheinlich 1951 in Israel geboren, kam er nach Ägypten, wo ihn der Zirkus Busch (Staatszirkus der DDR) einkaufte. In der Manege sprang Kalif durch Feuerreifen, doch die nervliche Belastung war zu groß, und Kalif wurde kastriert und an Kaskadeure verkauft. 1965, nach den Dreharbeiten zu dem Film »Söhne der großen Bärin« in Jugoslawien, »vergaßen« die Stuntreiter ihr Pferd auf einem Bahnhof in einem Waggon. Zwei Tage soll Kalif auf dem Bahnsteig gestanden haben, ehe die Crew der DEFA ihn befreite und nach Deutschland brachte, wo er von nun an als Voltigierpferd eingesetzt wurde und Müller als Junge zum ersten Mal auf ihm ritt. Immer wieder setzte man den Schimmel für Dreharbeiten ein, bis 1973 sein Märchen perfekt wurde. Aschenbrödel machte Kalif unsterblich, auch wenn er im hohen Alter von etwa 33 Jahren auf der Weide in Babelsberg eingeschläfert werden musste.

55__Kauto Star
Von Siegen und Stürzen

Kauto Star war ein Sieger, vor allem aber ein Kämpfer. Er gewann 23 Jagdrennen, doch leicht war seine Karriere nie. 2000 in Frankreich geboren, kam der braune Wallach mit der auffälligen Blesse vier Jahre später nach England in die Obhut von Trainer Paul Nicholls, dem es zu verdanken war, dass aus dem sensiblen, springgewaltigen und schnellen Wallach ein Spitzenpferd wurde.

Nach einigen Siegen geschah das erste Drama. Beim Rennen 2005 in Exeter lag Kauto Star in Führung. Beim vorletzten Hindernis stürzte er und landete mit Jockey Ruby Walsh kopfüber im Gras. Sie rappelten sich auf, Walsh schwang sich in den Sattel zurück, und Rennmaschine Kauto Star legte erneut los und nahm die Verfolgung auf. Nur um eine Kopflänge vergab er den Sieg. Die Menge jubelte über diese unglaubliche Aufholjagd, doch die Aktion war höchst fragwürdig. Der Wallach hatte sich bei dem Sturz das Sprunggelenk angerissen. Dieses Ereignis löste Diskussionen im Rennzirkus aus, woraufhin es 2009 verboten wurde, auf einem gestürzten Pferd weiterzureiten.

So beliebt Jagdrennen in Europa sind, so umstritten sind sie und werden von Tierschützern angeprangert. Die Verletzungsgefahr für Pferd und Reiter ist hoch, die Belastung enorm. Die Querfeldeinrennen gehen über drei bis sieben Kilometer, führen durch unebenes Gelände, Wassergräben, über Hecken und Mauern und andere »natürliche« Hindernisse.

2010 beim berühmten Cheltenham Gold Cup stürzte Kauto Star erneut schwer. Zwei Jahre später verabschiedete er sich aus dem Jagdrennsport. Doch das Glück war nicht auf seiner Seite. Drei Jahre später stürzte er auf der Weide. Zu spät bemerkte man die schwerwiegenden Verletzungen an Rücken- und Beckenknochen. Kauto Star konnte sich nicht mehr auf den Beinen halten und musste eingeschläfert werden. Ein trauriges Ende für ein großartiges Pferd.

56 Kincsem

Die Königin im Eisenbahnwaggon

Kincsem war eine Wunderstute, wie es sie nur einmal gab. Selbst die erfolgreichsten Rennpferde der Geschichte verblassen neben ihr. 1874 in Ungarn geboren, lief Kincsem in ihrer vierjährigen Rennkarriere 54 der großen Rennen in Ungarn, Österreich, Deutschland, England und Frankreich – und gewann sie alle! Noch höher ist ihre Leistung einzuschätzen, wenn man an die schlechten Transportbedingungen vor über 100 Jahren denkt. Die Eisenbahn ratterte damals laut über die Schienen. Kincsem liebte das Reisen, wieherte schon freudig, wenn sie den Stahlkoloss vor sich sah, stieg gelassen mit ihrem Pfleger Frankie und ihrer Katze in den Waggon und legte sich nach wenigen Minuten hin. Doch wehe, wenn ihre Katze wieder einmal draußen herumstreunte – denn ohne ihr Haustier bestieg Kincsem keinen Waggon.

Sie benahm sich wie eine liebenswerte Königin, doch eine Schönheit war sie nicht. Die fleckige Dunkelfuchsstute war lang und kräftig gebaut und hinten höher gestellt. Man sagte, ihre Intelligenz habe sie zu den Siegen getragen. Kincsem wusste genau, worum es bei den Rennen ging, kannte den Zielfosten und konnte das Renntempo und ihre Kraftreserven perfekt einteilen. Ihren Jockey brachte sie nicht selten zur Verzweiflung, pickte sie doch gemütlich vor dem Start noch einige Gänseblümchen vom Rennrasen, statt sich wie die anderen Pferde vor Publikum in Szene zu setzen. Den Start ging sie gelassen an, lag oft Längen hinten. Dann attackierte sie und deklassierte die Konkurrenz. Nach dem Zieldurchlauf verfiel sie in einen lockeren Trab und begab sich selbstständig zur Waage. Sie war eben ein Profi durch und durch.

Ihre Rennkarriere musste Kincsem 1880 wegen Lahmheit beenden. Ihr erstes Fohlen gebar sie – wie könnte es anders sein – in einem Eisenbahnwaggon.

1887 starb sie leider viel zu früh an den Folgen einer Kolik nach der Geburt ihres fünften Fohlens.

57_Kleiner Onkel

Das Pferd mit den aufgemalten Punkten

Wer kennt es nicht, das starke, mutige Mädchen Pippi Langstrumpf mit den Sommersprossen im Gesicht und den roten, abstehenden Zöpfen. Pippi wohnt alleine in ihrer Villa Kunterbunt. Fast alleine. Auf der Veranda lebt der gepunktete Schimmel Kleiner Onkel – ist doch cooler als in einer öden Pferdebox. Die Meerkatze Herr Nilsson macht es sich derweil im Haus bequem.

Die berühmte dreibändige Kinderbuchserie von Astrid Lindgren über das freche Mädchen ist ein Welterfolg, in 70 Sprachen übersetzt und über 66 Millionen Mal verkauft. In der bekanntesten Verfilmung von Olle Hellbom von 1969 spielte Bunting, ein fünfjähriges schwedisches Warmblut, den Kleinen Onkel. In Lindgrens Büchern heißt das Pferd immer nur Pippis Pferd. Es war die Schauspielerin Inger Nilsson, welche im Fernsehfilm die Rolle der Pippi spielte, die Bunting den Namen Kleiner Onkel gab.

Bunting war ein Schimmel und kein Tigerschecke. Der Regieassistent musste jeden Morgen vor Drehbeginn die schwarzen Punkte ganz vorsichtig mit Hilfe einer Schablone auf Buntings Fell sprühen, denn der Schimmel hasste das Geräusch der Spraydose. Nach der Maske ging's ans Set. Der gutmütige Wallach liebte Kinder. Klar durfte Pippi mit ihren beiden Freunden auf seinem Rücken einen Ritt zu dritt unternehmen. Doch auch dem besten Pferd wird die Hektik beim Filmen manchmal zu viel. Während Dreharbeiten in jener Zeit ging man mit Tieren nicht sehr zimperlich um. Sollte Bunting für eine Szene besonders ruhig stehen, verabreichte man ihm einfach ein Beruhigungsmittel – Problem gelöst. Die kleine Meerkatze Herr Nilsson hingegen war nicht angetan von ihrer Arbeit und launisch. Regelmäßig biss sie Pippi in die roten Zöpfe oder pinkelte sie voll.

Am meisten genossen wohl alle den Feierabend. Für Bunting hieß das eine wohlverdiente Dusche in der nahe gelegenen Autowaschanlage.

»Pippi hat ein eigenes Pferd, das sie sich eines Tages für eines ihrer vielen Goldstücke gekauft hatte. Sie hatte sich schon immer ein eigenes Pferd gewünscht, und jetzt wohnte es auf der Veranda.«

58 Kluger Hans

Ein Pferd prägt die Sozialforschung

1895 geboren, war der Kluge Hans, ein Orlow-Traber, ein außergewöhnliches Pferd, das rechnen und buchstabieren konnte. Davon war zumindest sein Trainer überzeugt, der Schulmeister und Mathematiklehrer Wilhelm von Osten. Die beiden erregten großes Aufsehen, konnte der Kluge Hans doch anhand von Klopfzeichen mit den Hufen oder Nicken und Schütteln des Kopfes Rechenaufgaben lösen, Personen und Gegenstände zählen oder Wörter mit Hilfe eines Alphabets vor sich buchstabieren.

Im September 1904 wurde eine wissenschaftliche Kommission einberufen, die dem Phänomen auf den Grund gehen sollte, da man vermutete, dass von Osten betrog und seinem Pferd heimlich Zeichen gab. Dem Klugen Hans wurden Rechenaufgaben gestellt, ohne dass sein Besitzer anwesend war. Das Pferd löste problemlos auch diese Aufgaben. Konnte es tatsächlich rechnen?

Oskar Pfungst, ein Student, der an der Untersuchung teilnahm, löste schließlich das Rätsel. Der Kluge Hans besaß das Talent, die unscheinbarsten Reaktionen der Menschen zu analysieren, die kleinsten Nuancen der Mimik und Gestik zu lesen und zu spüren, wie sich die Menschen kaum wahrnehmbar versteiften, sobald er den richtigen Buchstaben traf oder die richtige Anzahl an Klopfzeichen gab. Man nannte es den »Kluger-Hans-Effekt«, der später in die Tierpsychologie und Sozialforschung einging. Es war die unbewusste, einseitige Beeinflussung des Verhaltens eines Menschen oder Tieres.

Von Osten weigerte sich jedoch, das Ergebnis der Untersuchung zu akzeptieren, und beharrte auf dem Rechentalent seines Pferdes. 1909 verstarb von Osten, und der Kluge Hans ging in den Besitz von Karl Krall über, der weitere Tests machte. Die »rechnenden Pferde von Elberfeld« machten Schlagzeilen. Dann brach der Erste Weltkrieg aus, und der Kluge Hans sowie die anderen Tiere endeten wahrscheinlich als Zugpferde an der Front, wo ihnen die Mathematik herzlich wenig nützte.

59 La Biosthetique Sam FBW

Der Ironman des Pferdesports

Europameister, Weltmeister, Doppel-Olympiasieger – eine Traumbilanz. Noch wertvoller klingen diese Titel, wenn man erfährt, in welcher Sportart sie erzielt wurden. Vielseitigkeitsreiten ist die Königsdisziplin des Reitsports, die Pferde die Top-Athleten. Schnelligkeit, Sprungkraft, Mut, Ehrgeiz, Ausdauer, Körpergefühl, Konzentration, Intelligenz, Nervenstärke … Vielseitigkeitsreiten ist ein Mehrkampfsport. Nach der Dressurprüfung erfolgt der Geländeritt über mehrere Kilometer mit natürlichen und künstlichen Hindernissen. Den Abschluss bildet die Springprüfung. Es ist nicht einfach, ein Pferd zu finden, das all diesen Anforderungen gewachsen ist und diese unterschiedlichsten Eigenschaften in sich vereint.

Der unbestrittene Champion im Vielseitigkeitsreiten ist La Biosthetique Sam FBW, ein Württemberger Warmblut. Michael Jung nahm den braunen Wallach als Vierjährigen unter seine Fittiche. Der im Jahr 2000 geborene Sam war damals sehr sensibel und schreckhaft, mit einem ausgeprägten Instinkt zur Flucht in heiklen Situationen – er konnte abgehen wie eine Rakete. Jungs Einfühlungsvermögen zahlte sich aus. An den Olympischen Spielen 2012 in London holte er in der Einzel- und in der Mannschaftswertung Gold, 2016 in Rio Gold in der Einzel- und Silber in der Mannschaftswertung.

Wer Sam springen sieht, staunt erst einmal nicht schlecht. Er »verknotet« im Sprung regelrecht seine Vorderbeine miteinander. Jung hofft bei jedem Sprung, dass Sam sie rechtzeitig zur Landung wieder entwirrt. Aber dieser fast schon elegant anmutende Springstil mit den gekreuzten Vorderbeinen hat ihn erfolgreich werden lassen.

Über die Jahre unter dem Sattel von Jung ist Sam gelassener geworden. Er liebt die Privatsphäre in seiner geräumigen Pferdebox zu Hause, denn Sam ist ein Einzelgänger und mag andere Pferde nur, wenn ihm danach ist. Auch ein Ironman braucht seine Ruhe.

60 Lady Wonder

Wahrsagerin und Kriminologin

»Weißt du, weshalb wir hier sind?«, fragten die Journalisten. »B-O-Y«, antwortete die betagte Dame, indem sie auf die Buchstaben vor sich drückte. »Lebt er noch oder ist er tot?« – »T-O-T.« »Wo wird er gefunden?« – »U-L-M-E«, kam die Antwort und: »L-O-C-H.« Die letzte Frage des Interviews lautete: »Wann wird er gefunden?« – »D-E-Z«, antwortete Lady Wonder, wandte sich ab und marschierte auf wackeligen Hufen aus dem Stall. Sie sollte recht behalten. Wochen später, am 4. Dezember 1955, fanden zwei Jugendliche die Leiche des seit Oktober vermissten dreijährigen Ronnie Weitcamp im Wald. Er hatte sich verirrt und lag tot in einer Sandgrube neben einer Ulme.

Das war nicht der einzige Fall, an dem die Stute mit ihren angeblich hellseherischen Fähigkeiten beteiligt war. Jahre zuvor half sie der Polizei von Massachusetts, den vierjährigen Danny Matson zu finden. Wie machte sie das? Besaß sie telepathische Fähigkeiten? Sah sie die Zukunft voraus?

1924 kam Lady Wonder als zwei Wochen altes, mutterloses Fohlen zu Claudia Fonda auf eine Farm nach Richmond, Virginia. Fonda zog es mit der Flasche auf und erkannte schon bald, dass die Stute zu ihr galoppiert kam, wenn sie nur an sie dachte. Um mit ihr zu kommunizieren, baute sie Lady Wonder eine Buchstabiermaschine. Ob das Pferd wirklich wahrsagen konnte oder auf feinste Reaktionen der Fragesteller achtete, weiß niemand so genau. Tatsache ist, dass drei Jahrzehnte lang über 150.000 Menschen Lady Wonder befragten. »Wer gewinnt den Boxkampf? Betrügt mich meine Ehefrau? Liegt Öl unter meinen Feldern?« Drei Fragen kosteten einen Dollar. Oft, aber nicht immer, behielt Lady Wonder recht. Beachtlich ist, mit welcher Gelassenheit sie die vielen Fragen beantwortete, auch diejenigen der Polizei über das Verschwinden des Ronnie Weitcamp.

1957 verstarb die alte Dame und wurde unter den Tränen vieler Trauergäste beerdigt.

61 Lillyfee

Die beste Lehrerin der Welt

Da wird schon mal zu fest am Zügel gerupft, die Wade gegen den Bauch geschlagen, unkontrolliert auf dem Rücken hin und her gerutscht, gezappelt, gelacht, geweint. Alles egal. Lillyfee nimmt es gelassen, reagiert auch auf ungenaue Anweisungen und dreht ihre Runden. Doch weht einmal ein frischer Wind, liegt Frühling in der Luft oder hat sie einfach Spaß am Leben, so hält sie sich nicht mit Freudensprüngen zurück, stellt den Schweif auf und legt sich im Galopp mit viel Schräglage in die Kurve. Dass die Reitanfänger nach ihrem übermütigen Freudentanz manchmal auf dem Boden landen, den Mund voller Sand, findet Lillyfee dann eher doof, und dass ihr Übermut für den Menschen schmerzhaft enden kann, versteht sie nicht. Sie wollte doch nur Spaß haben.

Diese Seite soll all den Kinderponys und Schulpferden gewidmet sein, die mit Geduld und einer lieben Seele den Kindern die Freude am Reiten schenken, sie manchmal auch in ihre Schranken weisen und ihnen einige wichtige Lektionen im Leben beibringen. Von der kleinen Ponystute Lillyfee soll hier stellvertretend erzählt werden. Sie ist der Liebling der Kinder auf dem Reiterhof, immer freundlich und verschmust, aber mit ganz schön viel Feuer unter ihren kleinen Hufen. Dass die Kinder vor dem Reiten hart arbeiten müssen, weil sie sich wieder einmal im Morast gewälzt hat, findet sie gut, genießt sie doch die Bürstenstriche über ihr braunes Fell und durch ihre dicke schwarze Mähne.

Lillyfee ist vor allem eines: eine gute Lehrerin. Sie lehrt die Kinder Mut, Verantwortung und Einfühlungsvermögen, fördert ihr Selbstvertrauen und Durchsetzungsvermögen. Nadim, einer ihrer jungen Schüler und ihr größter Fan, beschreibt sie folgendermaßen: »Lillyfee ist ein kleines Schleckmaul und leckt alles ab. Sie ist süß und schlau, und sie weiß immer, was ich von ihr will. Aber man darf sie nicht unterschätzen, sie ist beim Reiten manchmal ein Tornado.«

»Ein Pferd hat viel Macht und viel Recht: es wirft zur Erde den Prinzen wie den Knecht.«
Deutsches Sprichwort

62 Man o'War

Die rote Flamme und der Pferdeflüsterer

Er war groß und kräftig, mit langen Beinen und einem feuerroten Fell, was ihm den Übernamen »The Big Red« einbrachte. Man o'War ist und bleibt das Rennpferd des Jahrhunderts. 1917 geboren, lief er in den USA nur zwei Rennsaisons, gewann 20 von 21 Rennen und fand bald keine Gegner mehr, die gegen ihn antreten wollten. Die Wettquoten standen 1:100. Sein Besitzer Samuel Riddle beschloss im Oktober 1920, Man o'War vom Rennsport zurückzuziehen. »Die lebende Flamme« durfte zurück auf die saftigen Weiden. Riddle ließ Man o'War nur 25 Stuten pro Saison decken. Ein Sprung kostete damals ein Vermögen von 5.000 Dollar, waren die Gene doch Gold wert. Sein Sohn War Admiral gewann 1937 die Triple Crown, und sein Enkel Seabiscuit ging in die amerikanische Renngeschichte ein.

Doch was machte Man o'War so besonders? Als Jährling kaufte ihn Riddle bei einer Auktion für viel Geld. Das Anreiten auf seiner Farm in Maryland erwies sich dann aber als schwierig. Man o'War wehrte sich heftig, und es war einzig der Geduld des Trainers Louis Feustel zu verdanken, dass sich der Hengst schließlich reiten ließ. Ihn mit Gewalt zuzureiten hätte ihn ruiniert, so Feustels Überzeugung, das wäre, als ob man einen Tiger am Schwanz packen wollte.

1930 übernahm der Afroamerikaner Will Harbut die Pflege von Man o'War. Die beiden waren Seelenverwandte. Es soll keinen einzigen Tag gegeben haben, an dem sich Harbut nicht um den wertvollen Hengst kümmerte, der ihm blind vertraute.

Man o'War starb 1947 im Alter von 30 Jahren und wurde in einem riesigen Eichensarg in einer feierlichen Zeremonie, die live im Radio übertragen wurde, auf seiner Koppel beerdigt. 2.000 Trauergäste waren anwesend. Ihm zu Ehren errichtete Riddle an seinem Grab eine Bronzestatue, die 1976 in den Kentucky Horse Park verlegt wurde und noch heute als Pilgerstätte dient.

Adresse Kentucky Horse Park, 4089 Iron Works Pike, Lexington, 40511 Kentucky, USA,
www.kyhorsepark.com; ein Erlebnispark rund ums Pferd, mit Museen, Aktivitäten, Shows,
Camping und mehr | **Öffnungszeiten** täglich 9–17 Uhr

63 Mancha und Gato

Die Unsterblichen der Pampa

Aimé Félix Tschiffely, 1895 geboren, war ein Schweizer aus Zofingen, der nach Argentinien auswanderte. Dort lernte er die Criollos kennen, die verwilderten Pferde der spanischen Eroberer, keine Schönheiten, aber kräftig und zäh. Seine Abenteuerlust brachte Tschiffely auf eine verrückte Idee. Er wollte von Buenos Aires nach Washington reiten, um die Ausdauer der Criollos zu beweisen. Der Züchter Solanet schenkte ihm für dieses Vorhaben Mancha und Gato, den Gefleckten und den Getigerten, die er patagonischen Indios abgekauft hatte. Mancha war damals 16 und Gato 15 Jahre alt. Die halbwilden Pferde hatten bereits 2.000 Kilometer zurückgelegt, ehe sie in Buenos Aires eintrafen. Tschiffely, der kein guter Reiter war, hatte so seine Mühe, sie einzureiten, besonders Mancha bockte und schlug nach allem, was sich bewegte. Er war der Boss, der Wachhund, der Misstrauische, Gato hingegen der Verträumte mit einem fast kindlichen Blick.

Am 23. April 1925 ritt Tschiffely los. Dreieinhalb Jahre war der »Spinner« unterwegs, über Berge und Täler, durch Wüsten und Dschungel, bei Hitze und Kälte. Die Criollos begnügten sich mit faserigen Grashalmen, und zu dritt wärmten sie einander in kalten Nächten. Schon unterwegs feierte man sie als Helden. Tschiffely verewigte sein Abenteuer in einem Reisebericht: »10.000 Meilen im Sattel«. Über die Strecke in den Vereinigten Staaten schrieb er jedoch kaum etwas. Dort war es ihm zu zivilisiert, und der Verkehr war ein Problem für seine »wilden« Pferde.

Am 20. September 1928 erreichte er nach 18.000 Kilometern New York. Zuvor hatte er in Washington eine Audienz bei Präsident John Calvin Coolidge.

Nach dem Gewaltritt durften Mancha und Gato bequem per Schiff zurück nach Argentinien schippern, wo sie noch viele Jahre in der Pampa ihr Leben genießen konnten. Heute stehen sie ausgestopft im Transportmuseum bei Buenos Aires.

Adresse Museo del Transporte, Lavalle 50, 6700 Luján, Buenos Aires, Argentinien |
Öffnungszeiten Mi–So 10–17 Uhr

64 Marengo

Ein Araber als Kriegstrophäe

Napoleon Bonaparte war kein sehr großer Mann und kein sehr eleganter Reiter. Mit rundem Rücken und hohen Fersen hockte er wackelig auf seinen Pferden. Als Kind lernte er nie richtig reiten, verbrachte in Korsika aber viele Stunden auf den Rücken von Eseln in felsigem Gelände.

Auch wenn es ihm an reiterlichem Können fehlte, so liebte er dennoch die Pferde und ließ sich auch von seinen unzähligen Stürzen nicht entmutigen. Um eine gewisse kaiserliche Grazie vorzutäuschen, war die Wahl seines Pferdes umso wichtiger. Es durfte nicht zu groß sein, musste sich edel präsentieren und – ganz wichtig – musste verlässlich, brav und gut ausgebildet sein, um den Makel seines Reiters zu kaschieren.

Auf Napoleons privatem Gestüt standen über 80 Reitpferde. Sein absoluter Liebling war Marengo, nach der Schlacht von Marengo zwischen Frankreich und Österreich benannt. Marengos richtiger Name lautete wohl Ali. Er war ein arabischer Schimmelhengst, 1793 auf dem Gestüt El Naseri in Ägypten geboren. Die Franzosen brachten ihn vermutlich 1798 nach der Schlacht von Aboukir nach Frankreich. Marengo war nur 1,45 Meter groß, aber sehr ausdauernd und zäh und trug Napoleon sicher über manches Schlachtfeld. Mehrmals wurde der Hengst im Gefecht verwundet, er überlebte aber den Russlandfeldzug und die Niederlage bei Moskau.

Napoleons letzte Schlacht war die Schlacht bei Waterloo 1815, im heutigen Belgien. Er verlor gegen die alliierten Truppen, angeführt von General Wellington, und geriet in Gefangenschaft. So auch Marengo. Die Engländer erbeuteten den Hengst als Kriegstrophäe. Marengo kam nach England. General Angerstein kaufte ihn und setzte ihn mit wenig Erfolg auf seinem Gestüt als Deckhengst ein. Als Marengo 1831 starb, wurde sein Körper als Erinnerung an den Sieg gegen Napoleon konserviert. Sein Skelett steht noch heute ausgestellt im National Army Museum in London.

Adresse National Army Museum, Royal Hospital Road, London, SW3 4HT |
Öffnungszeiten täglich 10–17.30 Uhr, www.nam.ac.uk

65 Maximus

Ein Schnüffelross mit Attitüde

Er sucht den Boden nach Spuren ab wie ein Bluthund, pirscht sich an sein Opfer heran wie ein lauernder Dobermann, sein Blick ist gnadenlos wie der eines Rottweilers, wenn er den Bösewicht stellt, dann schnaubt und grunzt er wie eine Bulldogge, dabei trieft Speichel von seinem Maul, als wäre er ein sabbernder Boxer. An Temperament fehlt es dem »feinen Jungen« bestimmt nicht, doch dem Blick von Rapunzel kann er nicht widerstehen, auch nicht ihren energischen Kommandos. Dann sitzt er da wie ein unterwürfiger Labrador und wedelt bei ihren sanften Streicheleinheiten mit dem Schweif wie ein Border Collie. Nein, Maximus ist kein Hund, er ist ein Pferd mit Hundeattitüde. Aber ist er deshalb zauberhaft und entzückend oder einfach nur ein blöder Gaul? Darüber sind sich auch Rapunzel und der Dieb Flynn Rider nicht einig.

Als unerschrockenes Pferd der königlichen Garde nimmt Maximus seinen Job sehr ernst und jagt erbarmungslos Verbrecher durchs Königreich. Doch eigentlich ist der kräftige Hengst, der sich gerne als Macho aufspielt, ein weichherziger Schmusebär, der auch einmal über seinen Schatten springen kann. Der Prachtschimmel ist der heimliche Star in Disneys Animationsfilm »Rapunzel – Neu verföhnt«. Eigentlich ist er eher ein Polizeihund in Pferdegestalt, aber egal. Sein liebevolles, skurriles, übereifriges und pflichtbewusstes Benehmen bringt uns zum Lachen, vor allem aber die kleinen fiesen Machtspielchen, die Maximus und Flynn hinter Rapunzels Rücken austragen.

Wenn es in einem Animationsfilm eine Figur schafft, mit so geringer Leinwandpräsenz in nur wenigen Minuten die Herzen der Zuschauer zu gewinnen, dann muss sie etwas ganz Besonderes sein. Doch Maximus ist nicht alleine. Sein größter Konkurrent ist zweifelsohne das Chamäleon Pascal. Die beiden stummen Sidekicks übertreffen sich gegenseitig mit komischen Einlagen und begeistern kleine wie große Kinder.

66__Nazeer

Die Blutlinie eines Wüstensohns

Die Wüste Ägyptens wäre nichts als ein heißer, trockener und unbarmherziger Ort – gäbe es da nicht den Nil. Er ist die Lebensader, an deren Ufer die Hochkultur der Pharaonen erblühte und unterging und 2.000 Jahre später ein Pferd geboren wurde, das mit seinem Blut die Welt erobern sollte, ein Pferd, dessen Wurzeln bis zu der Zeit der großen Könige zurückreichten.

Nazeer erblickte am 9. August 1934 auf dem Staatsgestüt El Zahraa bei Kairo das Licht der Welt. Das Fohlen entwickelte sich zu einem prächtigen Hengst mit schnellen Beinen und einer starken Schulter. Er maß knapp 1,50 Meter und war ein sehr maskuliner Typ. Seine ausdrucksstarken, weit auseinanderstehenden Augen zogen die Menschen in ihren Bann. Den Kopf trug er auf natürliche Art stolz erhoben. Der Schimmel wurde zum Star des Gestüts. In Ägypten selber findet sich heute kaum ein reinrassiger Araber, welcher nicht von dem Jahrhunderthengst abstammt.

Außer dass Nazeer erstklassige Gene weitervererbte, ist nur wenig über seinen Charakter, sein Wesen oder sein Leben bekannt, das sich vermutlich darum drehte, Nachkommen zu zeugen. Seine Blutlinie kam durch die drei Söhne Ghazal, Kaisoon und Hadban Enzahi nach Europa, welche die Zucht in Deutschland prägten. Araber waren in der zweiten Hälfte des 20. Jahrhunderts sehr gefragt, wurden teilweise zu horrenden Preisen gehandelt und in die ganze Welt exportiert. Dieser Boom hat etwas nachgelassen, gibt es doch heute außerhalb der Herkunftsländer hervorragende Zuchtgestüte. Beliebt ist der Araber aber nicht nur wegen seiner Schönheit und Grazie. Er hat einen sehr menschenfreundlichen Charakter, ist zäh und ausdauernd.

Beobachtet man heute einen Nachfahren Nazeers, wie er mit gespitzten Ohren dem Wind lauscht, so braucht es nur einen Hauch Phantasie, um sich zurücktreiben zu lassen in eine Zeit, da die Pharaonen auf dem Rücken ihrer Pferde die Wüste beherrschten.

Das Haupt- und Landgestüt Marbach bietet neben der Araberzucht eine Vielzahl an Events, sportlichen Anlässen, Hengstparaden, Auktionen und Führungen durch drei historische Gestütshöfe mit Besucherinformationszentrum und Shop. Gestütshof 1, 72532 Gomadingen, täglich geöffnet 8 – 17 Uhr, www.gestuet-marbach.de

67 __ Nelson

Er führte die USA in die Unabhängigkeit

Präsident George Washington war ein begnadeter Reiter und hervorragender Pferdekenner. Als Thomas Nelson, der Gouverneur von Virginia, hörte, dass Washington nach einem neuen Reitpferd für den Unabhängigkeitskrieg Ausschau hielt, schenkte er ihm 1778 einen 15-jährigen Fuchs mit breiter Blesse und weißen Stiefeln. Als Dank für das Geschenk gab Washington seinem neuen Pferd den Namen Nelson.

Nelson avancierte zu Washingtons Liebling, da er sich in der Schlacht nicht von dem Lärm der Gewehr- und Kanonenschüsse verunsichern ließ. Der Präsident ritt Nelson 1781 bei der Schlacht von Yorktown. Damals führte er die alliierten Truppen gegen die britische Armee unter Lord Cornwallis zum Sieg. Nach der Niederlage erkannte Großbritannien die Unabhängigkeit der ehemals britischen Kolonie an. Die USA waren geboren.

Künstler fertigten von George Washington einige Gemälde an, doch nur auf wenigen ist er mit Nelson abgebildet. Meist sitzt er auf dem Rücken von Blueskin, seinem zweiten Liebling, der aber in der Schlacht nicht die Nervenstärke Nelsons besaß. Für die Maler jedoch war das hübsche graue Pferd feuriger und eleganter zu zeichnen als der gute alte Nelson, dessen Qualitäten im Charakter und nicht im Aussehen lagen.

Nach dem Sieg im Unabhängigkeitskrieg durften Nelson und Blueskin den Lebensabend auf den Weiden von Washingtons Landsitz in Mount Vernon genießen. Nelson soll regelrecht verwöhnt worden sein und erreichte ein hohes Alter. Wenn Washington zu Besuch kam, suchte er immer den Paddock von Nelson auf, der anscheinend sofort zu ihm getrottet kam, um sich eine gute Portion Streicheleinheiten vom amerikanischen Präsidenten persönlich abzuholen. 1790 verstarb der Fuchs, Gerüchten zufolge an einer Kugel im Rücken, die er sich aus Versehen eingefangen hatte. Ein dummer Unfall mit tödlichen Folgen.

68 Niatross

Ein Traber schlägt Muhammad Ali

Am 30. März 1977 wurde das wohl größte Trabrennpferd seiner Zeit geboren. Der American Standardbred, ein Sohn von Albatross und Niagara Dream, war ein großer Brauner mit unglaublich schnellen Beinen. 1980 unterbot er den Meilen-Weltrekord für Traber um drei Sekunden und setzte eine neue Marke von 1,49 Minuten. Niatross war zum Siegen geboren, gewann in nur zwei Rennsaisons fast 40 Rennen und unterbot dabei 15 Bahnrekorde. Einzig zwei Rennen verlor er wegen eines Zusammenstoßes. 1980 gewann er auch das Meadowlands Pace, das erste Rennen der Geschichte, das mit über einer Million Dollar Preisgeld dotiert war, sowie die Triple Crown der Traber. Er war 1979 und 1980 »Harness Horse of the Year« und 1980 auch »Harness Horse of the Decade«. Außergewöhnlich ist seine Platzierung im selben Jahr in der »New York Post«, die jährlich eine Liste der besten – üblicherweise zweibeinigen – Sportler herausgibt. Vier Hufe zählten diesmal mehr als zwei Fäuste. Niatross wurde Athlet des Jahres, noch vor dem Boxer Muhammad Ali. Keinem Pferd ist seither diese Ehre zuteilgeworden.

1981 zog sein Besitzer ihn vom Rennsport zurück und setzte ihn als Zuchthengst ein, erst in Kentucky, danach in New York. Niatross ist der Vater von 648 Trabern, darunter auch vom berühmten Nihilator. Zusammen sollen seine Nachkommen Preisgelder von über 57 Millionen Dollar gewonnen haben.

Niatross wurde nie vergessen, und seine Fans blieben ihm treu, auch wenn er keine Rennen mehr lief. 1996, Niatross war bereits 19 Jahre alt, schickten seine Besitzer ihn auf eine 20-Städte-Tour durch Kanada und die USA, um ihn noch einmal seinen Fans zu präsentieren.

1999 erkrankte Niatross. Die Ärzte diagnostizierten ein riesiges Krebsgeschwür in seinem Bauch. Am 7. Juni musste der Champion eingeschläfert werden. Er wurde auf dem Gelände des Traber-Museums in New York beigesetzt.

Adresse Harness Racing Museum & Hall of Fame, 240 Main Street, Goshen, New York 10924, www.harnessmuseum.com | **Öffnungszeiten** Di – So 10 – 16 Uhr

69__Nijinsky II

Mit der Seele eines Balletttänzers

Der englische Vollblüter kam am 21. Februar 1967 auf der Windfields Farm in der kanadischen Provinz Ontario zur Welt. Er war ein prächtiges, wildes Fohlen. Als Sohn des Champions Northern Dancer war ihm eine Rennkarriere vorbestimmt. Der amerikanische Industrielle Charles W. Engelhard kaufte das Fohlen auf der Jährlingsauktion für über 84.000 US-Dollar. Der hohe Preis war kein Problem für den ehemaligen Bomberpiloten, der mit Bodenschätzen wie Platin, Gold und Öl handelte und in Südafrika Schürfrechte besaß. Es war die Idee von Engelhards Frau, dem braunen Hengst mit dem weißen Stern auf der Stirn den Namen des berühmten russischen Balletttänzers Vaslav Nijinsky zu geben. Der Name steht für perfekte Tanzkunst, und die sollte der junge Hengst schon bald auf dem Rennrasen zeigen.

Der Multimillionär schickte seinen Nijinsky II ins Training nach Irland zu Vincent O'Brien. Der Hengst entwickelte sich zu einem großen, kräftigen und stolzen Pferd, das sich gerne in Szene setzte. Er kam ganz nach seiner Mutter Flaming Page, ebenfalls ein erfolgreiches Rennpferd.

Nijinsky II lief seine ersten Rennen und gewann sie alle. Er ging in die Renngeschichte ein, als er mit seinem Reiter Lester Piggott 1970 die englische Triple Crown gewann, was seither keinem anderen Pferd mehr gelang. Die französische Illustrierte »Paris Match« schrieb über ihn: »Welch sonderbare Koalition: Südafrikas Bodenschätze, Amerikas Kapital, kanadisches Blut und irisches Futter.«

Als Nijinsky II im Herbst 1970 den Prix de l'Arc de Triomphe um Kopflänge gegen das Pferd Sassafras verlor, war es um seine Selbstsicherheit geschehen. Sein Zenit war überschritten, denn das nächste Rennen, das Champion Stakes in Newmarket, verlor er ebenfalls. Es sollte sein letztes Rennen sein. Nijinsky II wurde verkauft und verbrachte seinen Lebensabend zurück in den USA als erfolgreicher Zuchthengst.

70_Old Billy

Ein alter Knabe, der am Leben hing

Ein Senkrücken, herausstehende Hüftknochen, dünnes, struppiges graubraunes Fell, das sich über magere Rippen zieht, hängende Ohren und ein müder Blick. Nein, eine Schönheit ist der alte Knabe nicht, betrachtet man die alten Gemälde von Old Billy.

Er wurde 1760 in England geboren und arbeitete als Treidelpferd. Sein Job war es, die Schiffe von der Küste aus die Kanäle Irwell und Mersey hochzuziehen. Dazu wurden extra Treidelpfade für die Tiere angelegt. So idyllisch die Arbeit auf Bildern oft dargestellt wird, es war Knochenarbeit für die Pferde.

Doch auch das tägliche harte Schuften sollte Old Billy nicht niederstrecken. Allen Naturgesetzen zum Trotz zog er auch dann noch die Schiffe zwischen Warrington und Manchester stromaufwärts, als er sein zu erwartendes Alter von 25 bis 30 Jahren längst überschritten hatte. In den Dörfern sprach sich das herum, und bald avancierte er zum Liebling der einfachen Leute. Trotzdem musste er weiterarbeiten. 1819 endlich erlöste man ihn von der Arbeit. Damals hatte er ein unglaubliches Alter von 59 Jahren erreicht.

Old Billy genoss seinen Ruhestand und beschloss, noch etwas länger zu leben. So vergingen weitere drei Jahre. Der alte Knabe wurde immer knochiger, struppiger und wackeliger auf den Beinen, aber graste nach wie vor Englands saftige Weiden ab und genoss die Sonnenaufgänge über den Kanälen. Er wollte einfach noch nicht sterben.

Aber der traurige Tag musste kommen. Es war der 27. November 1822. Mit seinem Tod ging Old Billy in die Geschichte ein. Er wurde 62 und hält noch heute den Weltrekord als nachweislich ältestes Pferd, das je gelebt hat.

Überreste seines Kopfes sind in zwei Museen zu bewundern: Sein Knochenschädel ist im Manchester Museum ausgestellt, sein ausgestopfter Kopf hingegen steht in The Higgins Art Gallery & Museum in Bedford.

Adresse Manchester Museum, Oxford Road, Manchester M13 9PL, Großbritannien, www.museum.manchester.ac.uk | **Öffnungszeiten** täglich 10–17 Uhr

71_Orpheo

Der goldene Hengst und der Matador

Wie schaurig-schön kann die hohe Dressur des Stierkampfs sein! Für die meisten von uns zu grausam, um hinzusehen, und doch staunen wir über die Fähigkeiten der Pferde in der Arena, die beherzt dem Tod ins Auge blicken (müssen) und den Kampf mit dem Stier aufnehmen, auch gegen ihren angeborenen Instinkt zur Flucht. Die Pferde tänzeln mit ihrem Rejoneador im Sattel um den blutenden, röchelnden Stier, der sich wahnsinnig vor Schmerzen auf den Todeskampf einlässt. Immer mehr Lanzen, sogenannte Banderillas, durchbohren seinen Nacken, immer kürzer werden sie, und immer näher müssen sich Pferd und Reiter an den Stier heranwagen, ehe der Rejoneador ihm den Todesstoß versetzt.

Orpheo, mit Übernamen Merlin, ist eines der agilsten, mutigsten und schönsten Pferde, das je die Stierkampfarena eroberte. Der goldfarbene Palomino mit dem weißen Behang ist ein Lusitano mit einem Schuss Quarter-Horse-Blut. Die Beinarbeit des Hengstes scheint von einem anderen Planeten zu sein. Orpheo tänzelt mit seinem Reiter Pablo Hermoso de Mendoza um den Stier, beäugt ihn, weicht geschickt aus und attackiert fast gleichzeitig. 2005 kaufte Mendoza den Hengst, der in Frankreich gezüchtet wurde. Später kam Orpheo nach Portugal, wo er, Gerüchten über seinen Tod in der Arena zum Trotz, als Zuchthengst leben soll.

Der Stierkampf hat in Spanien, Portugal, aber auch in Südfrankreich und in Südamerika große Tradition, nicht in jedem Land endet er blutig. Das Ritual des Stierkampfs wird zelebriert und ist in Spanien ein Milliardengeschäft, das Arbeitsplätze bietet und mutigen Männern und mittlerweile auch Frauen sozialen Aufstieg und Ruhm ermöglicht.

Der Stierkampf polarisiert, zu Recht. Doch würde ein Stier seine Jahre in Freiheit auf saftigen Weiden wirklich gegen ein Leben in einem stickigen Stall eintauschen wollen, das früh endet, indem er in engen Transportern zur Schlachtbank geführt wird?

72___Ostwind

Die Magie von Freiheit und Vertrauen

Es ist der ganz große Mädchentraum, ein prachtvolles wildes Pferd zu zähmen, es als besten Freund zu haben, gemeinsam die verrücktesten Abenteuer zu erleben, berühmt zu werden und in romantische Sonnenuntergänge zu reiten.

Die »Ostwind«-Filmtrilogie von Katja von Garnier nahm 2013 ihren Anfang und wurde zu einem großen Erfolg. Darin wird die Geschichte von der rebellischen Mika erzählt, welche ihre Sommerferien auf dem Reiterhof »Kaltenbach« ihrer Großmutter verbringen soll. Zum ersten Mal kommt sie in Kontakt mit Pferden und trifft auf den misstrauischen und als gefährlich geltenden Ostwind. Eine Freundschaft entwickelt sich, die alle Grenzen zu sprengt.

Der Film erzählt von Vertrauen und sanfter Freiheitsdressur. Wer wäre da besser geeignet gewesen als die junge Pferdetrainerin Kenzie Dysli. Die Deutsche, die auf der Hazienda ihrer Eltern in Andalusien Pferde ausbildet, ist eine wahre Zauberin. Sie schafft es, die Magie zwischen Mensch und Pferd zum Leben zu erwecken. »Vertrauen und Freundschaft, feine Kommunikation und Fairness sind für mich ganz wichtige Prinzipien im täglichen Umgang mit meinen Pferden und mein Leitmotiv.«

Für die Rolle von Ostwind brachte sie ihre beiden Pferde James und Atila mit ans Set. Den ruhigen Tres-Sangre-Wallach James setzte sie für Szenen mit der Schauspielerin Hanna Binke ein, welche Mika verkörperte und selber kaum reiten konnte. Bei den wilden Reitszenen ohne Sattel und Zaum durfte der Hengst Atila vor die Kamera, und Dysli saß als Binkes Double auf dessen Rücken. In »Ostwind 2« ergatterte auch Dyslis junger Cremello-Hengst Sasou als Stute 33 eine Rolle im Film. »Ostwind 3 – Aufbruch nach Ora« führt den schwarzen Hengst letztlich nach Hause, zu seinen Wurzeln in Spanien. Gefilmt wurde in Andalusien, auf Kenzie Dyslis Hazienda Buena Suerte, der Heimat von James, Atila und Sasou.

»Schnaubend hob Ostwind den Kopf, als der Schimmel auf ihn zukam. Staunend sah Mika zu, wie die beiden Pferde einander begrüßten, sich umkreisten und die Hälse ineinander verschränkten. Es sah aus wie ein Tanz. Ein Moment purer Magie …« *Buchzitat aus »Ostwind 2« von Kristina Magdalena Henn und Lea Schmidbauer*

73 __Pegasus
Das Symbol des fliegenden Pferdes

Er begegnet uns überall: als Logo einer Filmproduktionsfirma, als Namensgeber einer Airline und einer Schweizer Popband. Zudem nimmt er uns mit auf einen wilden Ritt auf der gleichnamigen Achterbahn im Europa-Park. Der Pegasus ist das perfekte Symbol – mystisch, kraftvoll, energiegeladen und unsterblich.

Allgemein bekannt ist, dass das weiße geflügelte Pferd seinen Ursprung in der griechischen Sagenwelt hat. Eher unbekannt dürfte die Tatsache sein, dass Pegasus aus dem durch Perseus abgehackten blutenden Kopf der Medusa geboren wird. Und kein Geringerer als Poseidon bekannte sich zur Vaterschaft. Der wilde Pegasus schien unreitbar, bis der Held Bellerophon ihn mit Hilfe der Göttin Athene zähmte.

Pegasus' Stärke war unvergleichlich. Wenn er mit seinen Hufen auf dem Boden aufstampfte, entstanden Wasserquellen. Die berühmteste ist die Musenquelle auf dem Berg Helikon, die vielen Dichtern als Inspiration diente. Zusammen mit Bellerophon erlebte Pegasus so einige Abenteuer, kämpfte gegen eine feuerspeiende Chimäre oder gegen das Reitervolk der Amazonen.

Die Heldentaten ließen den Menschen Bellerophon übermütig werden. Er wollte mit Pegasus bis hoch zum Olymp fliegen. Die Götter waren darüber nicht erfreut, und so widersetzte sich Pegasus und warf seinen irdischen Reiter vom Rücken. Die Götter bestraften Bellerophon, der als blinder Krüppel sein restliches Leben bettelnd am Boden fristen musste.

Der geflügelte Schimmel hingegen durfte von nun an Blitz und Donner des Zeus tragen. Als Dank für seine treuen Dienste erhielt Pegasus von Zeus die Ehre, in einem Sternbild am Himmel unsterblich zu werden. Noch heute, wenn wir nachts in klaren Nächten hochblicken, können wir das geflügelte Pferd am Himmel sehen – und manchmal auch tagsüber, wenn Pegasus wieder einmal eine Gruppe Touristen in die Ferien fliegt.

»Hell wieherte der Hippogryph und bäumte sich in prächtiger Parade. Erstaunt blieb jeder stehn und rief: ›Das edle, königliche Tier!‹ Nur schade, dass seinen schlanken Wuchs ein hässlich Flügelpaar entstellt! Den schönsten Postzug würd es zieren. Die Rasse, sagen sie, sei rar, doch wer wird durch die Luft kutschieren?« *Auszug aus »Pegasus im Joche«, Friedrich Schiller, deutscher Dichter (1759–1805)*

74 Pferde des Himmels

Wudi und die blutschwitzenden Rösser

Es war die Zeit der Kriege, in der die ersten Staaten und Dynastien Chinas entstanden. Das Pferd nahm dabei eine wichtige Rolle ein. Es wurde mit der Yang-Lebensenergie und der Sonne assoziiert und sollte als Grabbeigabe die Toten wiederauferstehen lassen. Ausgrabungen von beinahe 3.000 Jahre alten Gräbern brachten eine über zwölf Meter tiefe Grube zum Vorschein, in der 95 Hengste lebend begraben wurden. Knochenbrüchen zufolge bäumten sie sich panisch in dem engen Grab auf, als man Erde über sie schüttete. Es ist Kaiser Qin von Xi'an zu verdanken, dass der barbarische Brauch von lebenden Grabbeigaben um 384 vor Christus abgeschafft wurde. Von nun an ersetzte man Mensch und Pferd durch Tonstatuen, wie die bekannte Terrakotta-Armee im Grab des Kaisers Qin Shihuangdi beweist.

Von 157 bis 87 vor Christus lebte Kaiser Wudi, der die Pferde liebte. Vom Entdecker Zhang Qian erfuhr er, dass dieser auf seiner Reise entlang der Seidenstraße weit im Westen, im Ferghanatal im heutigen Usbekistan, bei einem Volk namens Dayuan blutschwitzende Pferde gesehen hatte, die am Tag 1.000 Kilometer zurücklegen konnten. Diese Ferghana-Pferde waren größer, stärker und schneller als die bekannten Pferde Chinas. Heute weiß man, dass es sich dabei um die Achal-Tekkiner handelte, deren Fell in der Sonne fast metallisch glänzt.

Der Kaiser wusste, dass er mit schnelleren Pferden besser gegen die raubenden Nomadenstämme Zentralasiens vorgehen konnte. Da die Verhandlungen mit den Dayuan aber erfolglos blieben, schickte Kaiser Wudi im Jahr 103 vor Christus seine Armee nach Westen, mit dem Auftrag, die blutschwitzenden Pferde zu erbeuten. Vier Jahre später kehrte ein kläglicher Rest seiner Armee zurück. Von den ursprünglich 3.000 erbeuteten Ferghana-Pferden erreichte nur etwa ein Drittel ihre neue Heimat. Wudi nannte sie stolz die »Pferde des Himmels«.

»Wenn das Reich dem Weg folgt, ziehen die Pferde Wagen mit Dünger über die Felder. Wenn das Reich den Weg verliert, ziehen die Pferde Streitwagen in die Städte.« *Laotse, chinesischer Philosoph (6. Jahrhundert vor Christus)*

75 __ Phar Lap
Ein ungeklärter Mordfall

Phar Lap war das beste australische Rennpferd aller Zeiten. 1926 in Neuseeland gezogen, verkaufte der Züchter den großen Fuchswallach als Jährling für wenig Geld an den in Australien lebenden Amerikaner David J. Davis. »Red Terror«, wie Phar Lap auch genannt wurde, ging in Australien bei mehreren Rennen an den Start und gewann 1930 den legendären Melbourne Cup. Doch Phar Lap lebte gefährlich und zog den Neid anderer Rennpferdebesitzer auf sich. Auch religiöse Fanatiker sahen das Pferd als böses Omen, da es die Menschen zum Wetten verführte. Kurz vor dem Melbourne Cup wurde auf Phar Lap geschossen. Er blieb unverletzt. Die darauffolgenden 14 Rennen gewann der Fuchs alle, was den Wettbetrieb beeinträchtigte. Bei einem Rennen 1931 musste er ein Handicap von 68 Kilogramm tragen – und wurde deshalb nur Achter.

Davis erhoffte sich in Amerika eine sicherere und fairere Rennkarriere für sein Wunderpferd und schickte Phar Lap per Schiff nach Tijuana in Mexiko, wo er 1932 im hoch dotierten »Agua Caliente Handicap« laufen sollte. Phar Lap gewann mit neuem Streckenrekord, obwohl man ihm 58,5 Kilogramm aufbürdete.

Nach dem Sieg brachte Davis Phar Lap auf eine Ranch in Kalifornien. Am 5. April 1932 bekam der Wallach plötzlich Fieber und litt qualvolle Schmerzen. Er starb noch am selben Tag. Eine Autopsie ergab, dass seine inneren Organe entzündet waren. Sein Herz wog unglaubliche 6,2 Kilogramm, rund ein Drittel mehr als bei anderen Rennpferden.

Erst 80 Jahre nach seinem Tod konnten neue Labortechniken beweisen, dass Phar Lap mit Arsen vergiftet wurde. Damals war es üblich, dem Futter zur Leistungssteigerung ein arsenangereichertes Mittel beizumischen. Ob die Vergiftung Absicht war oder durch falsche Dosierung des Futters passierte, wird wohl nie restlos geklärt werden. Heute steht der große Phar Lap ausgestopft in der Nationalgalerie in Melbourne.

Adresse Melbourne Museum, 11 Nicholson Street, Carlton VIC, Melbourne 3053, Australien | **Öffnungszeiten** täglich 10 – 17 Uhr | **Tipp** 1983 wurde das Leben des ungewöhnlichen Rennpferdes verfilmt: »Phar Lap – Legende einer Nation«.

76 Pilgrim
Das Traumapferd und der Pferdeflüsterer

Nach einem schweren Reitunfall sind die 13-jährige Grace und ihr Pferd Pilgrim verletzt und traumatisiert. Die Mutter sucht Hilfe bei Tom Booker und fährt mit Tochter und Pferd auf dessen Ranch in Montana. So beginnt der Roman »The Horse Whisperer«, den der englische Schriftsteller Nicholas Evans 1995 schrieb und der drei Jahre später mit Robert Redford als Pferdeflüsterer verfilmt wurde.

Mit eigenwilligen Trainingsmethoden arbeitet Booker mit dem »bösen« Pilgrim, der keinen Menschen mehr an sich heranlässt. Dieser Film löste einen regelrechten Boom aus, und selbst ernannte Pferdegurus waren gefragt wie nie. Man sagte Evans nach, er hätte die Figur Bookers nach dem bekannten Pferdeflüsterer Monty Roberts geschaffen, doch der Schriftsteller verneinte dies, vielmehr habe ihn Buck Brannaman inspiriert, der im Film als Berater, Pferdetrainer und Double von Redford mitwirkte.

Für den Film übernahmen mehrere Pferde die Rolle des Pilgrim, doch eines stach besonders hervor: Hightower. Der Wallach war ein »Unfall«, seine Mutter, ein American Thoroughbred, traf unbeaufsichtigt auf einen Quarter-Horse-Hengst. Niemand wollte das Bastardfohlen, aber Pferdetrainer Rex Peterson erkannte dessen Talent, Nervenstärke und Intelligenz und kaufte ihn seinem unglücklichen »Züchter« ab. Hightowers Spezialität: Er konnte auf Kommando einen Menschen bedrohen, seine Zähne zeigen, die Ohren anlegen und den Zweibeiner rückwärts drängen. Das tat er auch bei seinem Casting mit Redford – und Hightower bekam den Job. Er meisterte die schauspielerische Aufgabe, ein schwer traumatisiertes Pferd darzustellen – obwohl er doch selbst ein aufgestellter Charakter war. Den wusste auch Julia Roberts zu schätzen, die Hightower im Film »Die Braut, die sich nicht traut« reiten durfte, und ebenso Anne Hathaway, die in »Plötzlich Prinzessin 2« Hightower an ihrer Seite hatte.

»Ich habe ein wunderbares Pferd, es hat die Leichtigkeit des Windes und des Feuers Hitze, aber wenn sein Reiter es besteigt, ist seine Sanftmut nichts als die Ruhe vor dem Ausbruch des Sturmes.« *Aus »Heinrich VIII.« von William Shakespeare (1564–1616)*

77__Pinto

»The Overland Westerners« – die vergessenen Helden

Es war eine Zeit des Umbruchs. Motoren verdrängten die Pferdestärken, und das Leben als Cowboy wurde schwieriger. So auch für George Beck, der sich als Holzarbeiter etwas Geld dazuverdiente. Alles begann mit seiner wahnwitzigen Idee, durch die USA zu reiten und dabei die Hauptstadt jedes Staates zu besuchen. Seinen Bruder, seinen Schwager und einen Freund gewann er für die Sache. Am Ende der langen Reise wollten die Männer, die sich die »Overland Westerners« nannten, zur Weltausstellung 1915 in San Francisco einreiten. Sie erhofften sich Ruhm und ein Vermögen, indem sie ihre Geschichte verkauften.

Am 1. Mai 1912 begann das Abenteuer in Shelton, Washington, das sich bald als Tortur herausstellen sollte. Die Männer ritten wundgeschürft, frierend und hungernd, bettelarm und am Rande der Erschöpfung von Staat zu Staat, durch Wüsten, Sümpfe und über Berge. Schneestürme, Hitze und endlose Weiten stellten sie täglich auf die Probe.

Mit sich führten die vier Reiter das Packpferd Pinto, ein Morab, eine Kreuzung aus Morgan und Araber. Pinto mauserte sich zu Becks Liebling, und während die anderen Pferde Ermüdungserscheinungen zeigten und ausgetauscht werden mussten, blieb Pinto bei den Overland Westerners. Unterwegs lasen sie den Hund Nip, einen Gordon Setter, auf, der sich als erstklassiger Jäger bewies und die Männer mehr als einmal vor dem Verhungern rettete. Bei einer Flussüberquerung ertrank Pinto beinahe, voll beladen mit Material, und konnte nur im letzten Moment gerettet werden.

Am 1. Juni 1915 erreichten die vier Reiter nach über 32.000 Kilometern Wegstrecke San Francisco. Doch statt eines glorreichen Empfangs schrie ihnen ein Polizist entgegen, sie sollten mit den »Heuverbrennern« von der Straße runter! Weder Ruhm noch Geld brachte das Abenteuer ein. Beck reiste mit Pinto und Nip zurück nach Washington und schrieb seine Geschichte erfolglos nieder.

78 Poco Lena

Wenn das Schicksal gnadenlos zuschlägt

Die Quarter-Horse-Stute Poco Lena kam 1949 in Texas auf die Welt, doch niemand wollte das zierliche braune Fohlen kaufen, das eher aussah wie ein Rennpferd als wie ein Ranchhorse. Also ritt ihr Züchter sie selber zu und arbeitete mit ihr am Rind. Es war unglaublich, mit welchem Talent und mit welcher Schnelligkeit sie das Cutting erlernte. 1953 kaufte Dan Dodge sie auf und ritt sie erfolgreich auf nationalen Turnieren. Sechs Jahre später wechselte sie erneut den Besitzer. B.A. Skipper stieg mit ihr zu noch größerem Ruhm auf.

Die Tragödie nahm 1961 ihren Lauf. Die Tausende von Kilometern, die sie in einem Transportanhänger auf teils holprigen Straßen in ihrem Leben schon verbracht hatte, forderten ihren Tribut. Poco Lenas Beine schmerzten. Nach einem Sturz erholte sie sich nur langsam. Als es überstanden schien, wollte Skipper 1962 mit ihr an einem weiteren Turnier teilnehmen. Er heuerte einen Fahrer an, der sie zusammen mit einem Wallach hinfahren sollte, während Skipper selber sich in ein Propellerflugzeug setzte. Er kam nie an. Sein Flugzeug stürzte ab. Der überforderte Fahrer ließ daraufhin die Pferde einfach im Anhänger stehen und machte sich aus dem Staub. Vier Tage standen Poco Lena und der Wallach in dem Anhänger, ohne Futter und Wasser. Als man sie entdeckte, war der Wallach bereits tot.

Dan Dodge hörte von der Tragödie und informierte die Jensens in Kalifornien, die Poco Lena zu sich nahmen und aufpäppelten. Sie brauchte mehrere Monate, um sich von dem Vorfall zu erholen. Zuchtversuche scheiterten erst, da die Stute über Jahre mit Medikamenten vollgepumpt worden war. 1967 und 1968 gebar sie schließlich zwei Hengstfohlen, der Vater war der berühmte Doc Bar. Es waren ihre Söhne Doc O'Lena und Dry Doc, die mit ihren Erfolgen ihre Mutter unsterblich machten. Sie selbst musste ein halbes Jahr nach der Geburt von Dry Doc von ihren Schmerzen erlöst werden.

79_Prometea

Wenn Gottes Plan umgangen wird

Als eine Haflingerstute am 28. Mai 2003 in Cremona, Italien, sich selbst zur Welt brachte, war das eine Sensation und wurde in Wissenschaftskreisen bejubelt. Das Fohlen bekam den Namen Prometea. Es war das erste Pferd, das Gottes Plan umgangen hatte und von Menschen geschaffen wurde. Wie machten die Forscher das? Sie entnahmen Eizellen von geschlachteten Stuten und entfernten das genetische Erbmaterial. Aus der Haut einer Haflingerstute und eines Araberhengstes entnahmen sie DNA und pflanzten diese in die entkernten Eizellen ein. 841 Eier wurden befruchtet, doch nur 22 Embryonen überstanden den Prozess der Blastogenese während der ersten sieben Tage. 17 Föten wurden Leihmüttern eingepflanzt, es kam zu nur vier Trächtigkeiten, und letztlich war es die Haflingerstute selbst, die das Erbmaterial geliefert hatte, die das einzige lebende Fohlen zur Welt brachte – ein Fohlen mit ihren identischen Genen. Das überraschte die Forscher, vermuteten sie doch eine Immunreaktion der Mutter auf einen Fötus mit der gleichen DNA.

Von diesem Tag an nahm das Klonen von Pferden ein fast erschreckendes Ausmaß an. 2005 wurde das erste geklonte Rennpferd geboren. Plötzlich war es möglich, die DNA herausragender Wallache zu nutzen. Der berühmteste Klon ist wohl der Doppelgänger von E.T., dem Springpferd von Hugo Simon. Natürlich musste auch der Sport auf diese neue Art von Pferden reagieren. Während geklonte Rennpferde (noch) nicht auf der Rennbahn laufen dürfen, ist es legal, geklonte Polopferde auf Turnieren zu reiten. Doch was ist mit der Nachzucht von geklonten Pferden? Dürfen die an Turnieren teilnehmen? Die rasante Entwicklung verlangt nach neuen Gesetzen. Gesetze zum Wohl der Tiere oder einfach nur, um noch mehr Geld mit Spitzenpferden zu verdienen? Prometea jedenfalls hat 2008 mit Pegaso solch ein Fohlen zweiter Generation zur Welt gebracht.

80__Rachsch

Der Hengst, der den Löwen besiegte

Das persische Nationalepos des Dichters Firdausi (940–1020) dürfte bei uns im Westen weniger bekannt sein. »Schahname« hieß sein Lebenswerk, zu Deutsch auch das »Königsbuch«. Beinahe 60.000 Verse umfasst dieses gewaltige Stück Weltliteratur, unterteilt in 990 Kapitel, geschrieben in persischer Sprache. 35 Jahre soll Firdausi daran gearbeitet haben.

Im »Königsbuch« wird die Geschichte Persiens, das sich damals weit über die Grenzen des heutigen Iran erstreckte, noch vor der islamischen Eroberung erzählt. Einer der Protagonisten ist der mythische Held Rostam, Prinz von Zabulistan. Im Auftrag des Schahs von Persien zieht er in den Kampf gegen böse Zauberer und feindliche Feldherren. Stark, mutig und listig, mit einem Tigerfell bekleidet, erlebt er so manches Abenteuer. Doch was wäre ein echter Held ohne ein Prachtross?

Rostam reitet den Schimmel Rachsch, dessen Behang rötlich schimmert. Der treue und hochintelligente Hengst lässt nie jemand anderen auf seinen Rücken. Mit seinen übernatürlichen Fähigkeiten rettet er Rostam mehr als einmal das Leben. So auch eines Tages, als der Held sich nach einer langen Reise im Wald unter einen Baum legt, um zu schlafen, nicht ahnend, dass er das Revier eines Löwen betreten hat. Die Raubkatze pirscht sich heran und setzt zum Sprung an, um Rostam und sein Pferd zu fressen. Doch Rachsch ist wachsam. Mutig stellt er sich dem Löwen in den Weg, kämpft unerbittlich und kann ihn töten, noch bevor Rostam aus seinem tiefen Schlaf erwacht.

Doch nicht nur glorreiche Heldenabenteuer bestehen die beiden. Sie bleiben auch von tragischen Familienschicksalen nicht verschont. Rostam tötet im Kampf Sohrab, unwissend, dass er dabei seinem eigenen Sohn das Leben nimmt. Rostam und Rachsch werden sehr, sehr alt. Sie sollen über 500 Jahre gelebt haben. Den Tod finden beide durch den Verrat von Rostams Halbbruder Shagad.

81 Reckless

Eine hungrige Heldin an der Front

Wenn heute Drohnen die Bomben zu ihrem Ziel fliegen und die Piloten dabei bequem und sicher im »Cockpit« irgendwo in einem Büro sitzen, wird leicht vergessen, was die Soldaten vor weniger als 100 Jahren leisten mussten. Damals transportierten nicht Drohnen, sondern vor allem Pferde die Munition zur Front. Die Transportmittel haben sich geändert – was geblieben ist, ist die Grausamkeit des Krieges. Darüber wüsste Sergeant Reckless so einiges zu erzählen.

Reckless war eine Mongolenstute, die mit richtigem Namen eigentlich Ah Chim Hai hieß. Geboren 1948, kaufte Leutnant Eric Pedersen sie als Vierjährige einem jungen Koreaner für das US Marine Corps ab. Er trainierte Reckless für die Arbeit während des Koreakrieges. Ihre Aufgabe: Munition an die Front zu tragen und auf dem Rückweg verletzte Soldaten zu evakuieren.

Die Stute war überaus intelligent. Ohne menschliche Führung machte sie sich bald alleine auf ihren Weg, Schüsse und Explosionen hielten sie nicht davon ab. Sie kannte ihren Job. 1953 machte sie an einem einzigen Tag 51 Alleingänge zur Front und zurück. Die Soldaten behandelten sie wie ein Mitglied des Marine Corps und liebten sie auch für ihren eigenwilligen Charakter. Wehe, sie verstauten ihr Essen nicht gut in den Taschen. Reckless fand den kleinsten Brotkrümel und verschlang ihn mit ihrem unersättlichen Appetit. So manchem Soldaten kam sein Sandwich abhanden, wenn Reckless seinen Weg kreuzte. Sie machte auch vor Rührei, Pfannkuchen, Kaffee und Kuchen nicht halt. Selbst Cola und Chips sollen ihr geschmeckt haben.

1954 erhielt sie für ihre Leistung den Grad eines Sergeants und wurde danach, mit so einigen Ehrenabzeichen ausstaffiert, von ihren Dienstpflichten erlöst. In den beiden Kriegsjahren soll Reckless für die USA 4.100 Tonnen Munition geschleppt haben. Sie starb 1968, und so mancher Soldat dürfte über ihren Tod geweint haben.

82__Red Lips
Turmspringen der verrückten Art

Wer stand schon einmal auf einer Zehn-Meter-Plattform und starrte panisch hinunter ins Schwimmbecken? Die meisten würden wohl die Leiter als Rückweg in Betracht ziehen und nicht den Sprung ins Wasser. Was aber, wenn wir auf dieser Plattform auf dem Rücken eines Pferdes Platz nehmen müssten, um mit ihm zusammen zu springen?

Die Geschichte von Sonora Webster Carver und ihren tauchenden Pferden klingt zu verrückt, um wahr zu sein. Beim Betrachten der vergilbten Bilder, auf denen sich Pferd und Reiter aus schwindelerregender Höhe kopfüber in ein Bassin stürzen, schrillen bei jedem Pferdefreund die Alarmglocken: »Tierquälerei!« Doch liest man sich durch das unglaubliche Leben von Sonora, kommt man aus dem Staunen nicht mehr heraus.

1904 in den USA geboren, liebte sie Pferde über alles. Es war ihre Mutter, die ihr 1923 vorschlug, sich als Reiterin bei »Carvers Pferdetauchshow« zu bewerben. Sonora war fasziniert von dem Spektakel. Die Pferde marschierten selbstständig eine enge, steile Rampe hoch, eine andere Option blieb ihnen nicht. Oben stieg eine Reiterin auf ihren Rücken, und zusammen sprangen sie todesmutig in die Tiefe. Nach dem Sprung kletterten Pferd und Reiterin unter tosendem Beifall der Zuschauer über eine Rampe wieder aus dem Bassin.

Pferdetauchen im sexy Badeanzug wurde Sonoras Leidenschaft. Moral, Konventionen und züchtiges Benehmen lagen ihr nicht. Doch sie zahlte 1931 einen hohen Preis. Ihr Lieblingspferd, der Schecke Red Lips, sprang zu steil. Um sich nicht in der Luft zu überschlagen, lehnte sie sich weit zurück, dabei prallte sie mit offenen Augen auf der Wasseroberfläche auf. Wenige Tage später erblindete sie. Die Blindheit hielt Sonora jedoch nicht davon ab, weitere elf Jahre zu springen, bis die Show eingestellt wurde. Red Lips durfte seine restlichen Jahre, ganz pferdegerecht, auf einer Weide in Houston verbringen. Sonora verstarb 2003 mit 99 Jahren.

Sonora Carver gab 1961 ihre Autobiografie »A Girl and Five Brave Horses« heraus, die 1991 unter dem Titel »Wild Hearts Can't Be Broken« verfilmt wurde.

83 Rosinante

Der klapprige Gaul eines Narren

Edle Ritter, mutig gegen Drachen kämpfend und die schönsten Frauen rettend, waren im Mittelalter unangefochten die beliebtesten Romanfiguren. Das Volk verschlang die Heldengeschichten, doch Gelehrte empfanden die Schundromane als eine Verblödung von Hirn und Kultur.

Dieser Meinung schloss sich der Spanier Miguel de Cervantes an und veröffentlichte 1605 mit seiner Parodie auf den Ritterroman ein Stück Weltliteratur: »Der sinnreiche Junker Don Quijote von der Mancha«. Die Protagonisten, der lange, dünne, wenig intelligente Don Quijote und der kleine, dicke, aber clevere Sancho Panza, bestreiten so einige »Abenteuer«. Vor allem der Kampf gegen die Windmühlen wird legendär. Aber was wäre ein Held ohne sein prächtiges Ross? »Und also redend gab er dem Rosinante die Schenkel, denn Sporen hatte er nicht an, und rannte in kurzem Galopp – denn dass sich Rosinante jemals zu gestreckter Karriere verstiegen, das liest man nirgends in dieser ganzen wahrhaftigen Geschichte.«

Der klapprige Gaul Rosinante wird von Don Quijote als edles Tier gesehen. In den beiden Buchbänden geht es um die Frage von Wirklichkeit und Traum, es geht um das Ideal, das wir sehen wollen, und die Realität, wie sie tatsächlich ist. Es geht um verzerrte Wahrnehmung. Ein aktuelles Thema, wenn man bedenkt, wie viele Don Quijotes heutzutage in Talkshows und Superstarsendungen auftreten. Wenigstens sind diese selten beritten.

Rosinante geht seinen glorreichen Taten gemächlich entgegen: »Er erreichte also den Zug, hielt Rosinante an, der ohnehin schon große Lust hatte, ein wenig auszuruhen …« Sein Name selbst ist Parodie und doppeldeutig. Das spanische Wort »rocín« bedeutet Gaul, »antes« bedeutet vorher. Ja was jetzt? »Vorher ein Gaul« oder »allen Gäulen vorangehend«? Rosinante selbst dürfte es egal gewesen sein. Er war einfach, wer er war, ein klappriger Gaul mit einem Narren auf dem Rücken.

84   Die Rosse des Diomedes

Wie Herkules die vier Pferdebestien bändigte

In der griechischen Mythologie waren Pferde nicht immer anmutig, sanft und dem Menschen ergeben, es gab auch Bestien unter ihnen. Die vier Stuten des Diomedes waren solche Pferdebestien. Sie gehörten dem König der Bistonen, einem thrakischen Stamm im heutigen Nordgriechenland. Die Stuten hießen Deinos, die Schreckliche, Lampon, die Glänzende, Podargos, die Schnelle, und Xanthos, die Fahle. Die Tiere waren so wild und unberechenbar, dass der König sie in Ketten an ihren Futtertrog gebunden hielt. Statt Hafer und Heu bekamen sie Menschen zu fressen, unglückliche Seelen, die sich zu den Bistonen verirrt hatten.

Es war die achte Aufgabe des Herkules, die vier Stuten zu seinem Vetter Eurystheus zu bringen. Um die Stuten zu bändigen, mischte sich Herkules unter die Bistonen, überwältigte den König und warf ihn den Rössern in den Trog. Diese rissen ihn sogleich in Stücke. Die Pferde waren abgelenkt, und Herkules konnte die Ketten lösen. Gezähmt folgten ihm die Stuten danach aus der Stadt hinaus. Herkules wollte mit ihnen zum Meer fliehen, doch er wurde verfolgt. Er trug seinem Freund und Begleiter Abderos auf, die Pferde zu bewachen, während er zurückging und alleine gegen das Heer der Bistonen kämpfte.

Doch kaum war Herkules fort, wandelten sich die Stuten wieder in wilde Bestien und fielen über den armen Abderos her, zerfleischten ihn bis auf die Knochen und fraßen ihn auf. Als Herkules nach gewonnener Schlacht zurückkehrte, verrieten die blutgetränkten Mäuler der Stuten ihre Tat. Herkules trauerte sehr um seinen Freund und ließ zu seinen Ehren die Stadt Abdera an jener Stelle erbauen. Die Pferde aber bändigte er erneut, erfüllte seine Aufgabe und brachte sie zu Eurystheus, der sie der Göttin Hera weihte. Die Stuten gebaren viele Fohlen. Es heißt, dass die Blutlinie von Bukephalos, dem Hengst Alexanders des Großen, bis zu den Rossen des Diomedes zurückreicht.

85 Ruffian

Rennen bis zum letzten Atemzug

Sie wäre die wohl größte Rennstute aller Zeiten geworden, hätte vielleicht auch Secretariat oder Man o'War übertrumpft, wäre Ruffian nicht auf so tragische Weise ums Leben gekommen. Ihre Geschichte berührt, denn Ruffian wollte nur eines: siegen. Dafür zahlte sie viel zu früh einen hohen Preis.

Am 17. April 1972 wurde sie auf der Claiborne Farm in Kentucky geboren. Die große dunkelbraune, fast schwarze Stute bekam den Übernamen »Sofie the Sofa«, weil sie so bequem zu reiten war. Als sie 1974 ihr Renndebüt in Belmont Park gab, setzte sie sich gleich an die Spitze, gewann das Rennen mit 15 Längen Vorsprung und brach nebenbei noch den Bahnrekord ihrer Klasse. Das war ihr Leben. Sie lag niemals hinten, gewann immer, und ihr Jockey Jacinto Vasquez musste sie während eines Rennens zügeln statt antreiben.

Ihr letztes Rennen sollte ebenfalls in Belmont Park sein. 1975 trat sie gegen den Kentucky-Derby-Gewinner Foolish Pleasure an. Das Besondere: Vasquez ritt üblicherweise beide Pferde. Für dieses Rennen entschied er sich für Ruffian. Gleich nach dem Start setzte sie sich wie gewohnt an die Spitze. Nach einer halben Meile jedoch knickte sie plötzlich ein, und die anderen Pferde zogen an ihr vorbei – etwas, das Ruffian nicht kannte. Vasquez versuchte vergeblich, sie zu zügeln, sie rannte panisch weiter – mit einem gebrochenen Vorderbein! Als der Jockey endlich abspringen konnte, wollte er sie still halten, bis Hilfe kam, doch sie tänzelte wild im Kreis.

Ruffian wurde im Tierspital notoperiert, was für ihren Kreislauf gefährlich war, denn sie war noch hochgepusht vom Rennen. Kaum wachte sie auf, sprang sie hoch und rannte in der Box so lange im Kreis, bis ihr zweites Bein ebenfalls brach. An eine weitere Operation war nicht mehr zu denken, sie musste eingeschläfert werden. Noch während ihre letzten Atemzüge, am Boden liegend, soll Ruffian gerannt sein.

86 Sampson

Ein Mammutpferd und sanfter Riese

Es ist nichts Außergewöhnliches, wenn man einem Fohlen den Namen Sampson gibt. Der »kleine« Kerl kam 1846 in Bedfordshire, England, zur Welt. Seine Karriere als Ackerpferd war vorbestimmt. Hätte sein Besitzer Thomas Cleaver jedoch geahnt, dass Sampson zu einem Riesen heranwachsen würde, hätte er ihn gleich »Mammoth« genannt, wie Sampson später hieß.

Das graue Hengstfohlen wurde mit eineinhalb Jahren kastriert. Eigentlich ziemt es sich nicht, hier über Intimes zu schreiben, aber der Tierarzt hatte ein ganzes Stück Arbeit damit, zwei fußballgroße Hoden zu entfernen. Der stattliche Shire-Horse-Wallach wuchs über sich hinaus, bis zu einem unglaublichen Stockmaß von 2,19 Metern! In seinen besten Zeiten wog er sagenhafte 1.524 Kilogramm. An diesen Rekord kam seither kein Pferd mehr heran.

Diese sanften Riesen unter den Kaltblütern sind Spätentwickler. Im Mittelalter als Reitpferd der Ritter gezüchtet, dienten sie ab dem 17. Jahrhundert vor allem als Zugtiere. So zogen sie zum Beispiel die Londoner Straßenbahn. Im Osten Englands züchtete man immer größere und schwerere Tiere heran und kreuzte sie mit Pferden aus den Niederlanden. Viele von ihnen hatten eine dunkle bis schwarze Farbe, man nannte sie die Blackwell Blacks. Offiziell beginnt die Geschichte des Shire Horse 1760.

Wirtschaftliche Krisen in England zwangen viele Pferdebesitzer, ihre Tiere zu verkaufen. Die schwarzen Riesen gab es bald kaum noch. Die Mechanisierung der Landwirtschaft verdrängte die Arbeits- und Zugpferde zudem immer mehr, und die Weltkriege sorgten für eine weitere Dezimierung des Shire Horse, das Mitte des 20. Jahrhunderts fast ausgestorben war. Heute sieht man die mächtigen Kaltblüter wieder vor dem Wagen oder als Showpferd. Sie sind auch gut zu reiten und toll als Freizeitkumpel. Das Problem ist meist die Box im Stall, deren Standardmaße einfach nicht groß genug sind.

Adresse Cotebrook Shire Horse Center in Cheshire, England. Das weltweit größte Zuchtgestüt der Shire Horses. Täglich von 10 bis 17 Uhr geöffnet, mit Café am See, Besucherzentrum und Souvenirladen, www.cotebrookshirehorses.co.uk

87 __ Schattenfell

Das schönste Pferd Mittelerdes

Was wäre J. R. R. Tolkiens Trilogie »Der Herr der Ringe« ohne den graubärtigen Zauberer Gandalf. Und was wäre Gandalf ohne sein edles Pferd: »Schattenfell! Er ist der Fürst aller Rösser und mir durch viele Gefahren ein treuer Freund.«

Nach der Flucht aus seiner Gefangenschaft in Isengart darf sich Gandalf ein Pferd aus den Stallungen von König Théoden aussuchen. Er wählt Schattenfell, was Théoden erzürnt, da er selber nie auf dem wilden Hengst reiten konnte.

Schattenfell ist dem Zauberer ergeben und lässt sich von ihm ohne Sattel und Zaumzeug reiten. Er trägt Gandalf durch den Ringkrieg. Doch Schattenfell ist weit mehr als nur ein Pferd. Er steigt problemlos Treppen hoch und ist unglaublich schnell, stark und ausdauernd. Wenn es sein muss, kann er zwölf Stunden am Stück durch Mittelerde galoppieren.

Im englischen Original heißt er Shadowfax und ist von silbergrauer Farbe, in der Verfilmung wurde aus dem silbernen Pferd ein strahlend weißer Hengst, der die Filmcrew vor eine echte Herausforderung stellte, sollte er doch ohne Zaum und Sattel geritten werden. Doch Filmpferde sind keine Märchenpferde, welche die Worte ihres Reiters verstehen und blind gehorchen. Der Schauspieler Ian McKellen, alias Gandalf, setzte sich für Nahaufnahmen auf den Rücken des Andalusiers Domero, ein prächtiger Hengst. Unter dem Zaubermantel versteckte sich allerdings ein Sattel. McKellens Reitdouble, der Stuntman Basil Clapham, ritt für die wilden Szenen den Wallach Blanco, ebenfalls ein Andalusier. Er trainierte wochenlang mit ihm, bis er auf jegliche Hilfsmittel verzichten konnte. Clapham schwärmte von dem Pferd, und auch die Fans der Trilogie konnten sich dem Zauber von Blanco nicht entziehen. Der Wallach erlangte Weltruhm. 2014 musste er leider eingeschläfert werden. Wer weiß, vielleicht galoppiert Blanco jetzt über die saftigen Weiden eines paradiesischen Mittelerde.

»Man kann leichter einem Pferd ohne Zügel vertrauen als einem Mann ohne Meinung.«
Theophrastos von Eresos, griechischer Philosoph (circa 370 – 287 vor Christus)

88 __ Schwarzer

Ein Pferd – gewonnen, gestohlen und zurückerobert

Cecil Bødker schrieb 1967 das Jugendbuch »Silas«, welches 1981 vom Deutschen Fernsehen als sechsteilige Weihnachtsserie verfilmt wurde. Der damals 13-jährige Patrick Bach spielte den Jungen Silas, der in der Buchvorlage eine schwarze Stute bändigt. Im Film wurde die Stute zum Hengst – nur ein kleines Detail am Rande. Natürlich bekam das Pferd auch einen Namen. Silas taufte es Schwarzer.

Wie aber kommt Silas zu seinem Schwarzen? Als Kind wird er an einen Wanderzirkus verkauft. Er flieht, als er das Säbelschlucken erlernen soll. Silas findet Zuflucht beim Pferdehändler Bartolin. Er soll als Stallbursche für Kost und Logis arbeiten. Doch Silas fordert als Lohn ein Pferd und sucht sich eine wilde schwarze Stute aus, die beste im Stall des Pferdehändlers. Bartolin lacht ihn aus, geht mit Silas aber eine Wette ein: »Reitest du, schaffst du's, dann gehört das Pferd dir. Fällst du herunter, gehörst du mir. Und das Gleiche gilt für den Fall, dass du gar nicht erst aufs Pferd kommst«, fügte er lauernd hinzu. »Na, wagst du's?«

»Ja«, sagte Silas und atmete tief.

Tatsächlich gelingt es dem Jungen, die wilde Stute – oder eben den wilden Hengst – zu reiten. Doch sein Glück währt nicht lange. Der Gauner Emanuel erkennt das Pferd als Bartolins Pferd wieder, klaut es von Silas und verkauft es auf dem Markt. Als sich Silas auf den Weg macht, seinen Schwarzen zu suchen und zurückzufordern, was ihm gehört, ahnt er nicht, dass sein Abenteuer eben erst begonnen hat.

Als Leser wie auch als Fernsehzuschauer leidet man mit Silas, dem das Schicksal übel gesinnt ist und der dennoch mutig den Kampf aufnimmt – gegen Erwachsene, die ihm seine Kindheit, seine Freiheit und Freude rauben, ihn züchtigen, bestehlen und demütigen. Doch Silas gibt nicht auf, erkämpft sich sein Pferd zurück und streift auf dem Rücken des Schwarzen noch durch zwei weitere Buchbände.

89 Seabiscuit

Ein rasend schneller Couch-Potatoe

Seabiscuit war zu faul und zu verfressen für ein Rennpferd. Deshalb lief er seine ersten Rennen mit nur mäßigem Erfolg, trotz seiner guten Gene, war er doch ein Enkel Man o'Wars. Der Autohändler Charles Howard kaufte den braunen Hengst 1936 und gab ihn in erfahrene Hände. Sein Trainer Tom Smith und der Jockey Red Pollard verstanden es, den gemütlichen Seabiscuit für die Rennen zu trainieren, und machten aus ihm rasch einen Siegertypen. Seabiscuit kam jeweils langsam aus der Startbox, holte während des Rennens auf und besaß im Finish genügend Kraftreserven, um die Konkurrenz zu deklassieren. Die Zuschauer liebten ihn, denn das Rennpferd sorgte in wirtschaftlichen Krisenzeiten an der Westküste der USA für erfreuliche Ablenkung. Seabiscuit wurde zum Medienstar und schenkte den Menschen Hoffnung.

Am 1. November 1938 kam es bei Baltimore zum Rennen des Jahrhunderts. Seabiscuit trat gegen den ungeschlagenen Oststaaten-champion War Admiral an, einen Sohn Man o'Wars. Die Wettquoten standen 1:4 gegen Seabiscuit. Hier zeigte sich das Kämpferherz des braunen Hengstes. Seabiscuit galoppierte mit unglaublichen vier Längen Vorsprung über die Ziellinie. Eine Sensation!

Überschattet wurden die Rennerfolge jedoch durch Verletzungen. Pollard stürzte zweimal schwer von anderen Pferden, und niemand glaubte mehr an seine Rückkehr. Seabiscuit selber verletzte sich eine Sehne des linken Vorderfußes beim Santa-Anita-Rennen. Humpelnd trainierten Pollard und Seabiscuit gemeinsam und kämpften sich unermüdlich wieder in den Rennsport zurück. Mit Erfolg. Endlich, beim dritten Anlauf, gewannen sie 1940 das wichtige Santa Anita Handicap.

Seabiscuit hatte sich nach diesem Erfolg ein Leben auf Howards Farm als Zuchthengst verdient und ließ sich von den Besuchern verwöhnen. Er futterte sich ein stattliches Übergewicht an. Als er 1947 an Herzversagen starb, trauerte ein ganzes Land.

Seabiscuits Biografie wurde 2003 mit Tobey Maguire in der Rolle des Red Pollard in Hollywood verfilmt: »Seabiscuit – Mit dem Willen zum Erfolg«. Der Kinofilm erhielt sieben Oscar-Nominierungen.

90__ Sea of Secrets

Schönheitsoperationen sind im Trend – auch bei Pferden

Die Amerikaner sind eher extrovertiert, mögen es gerne übertrieben pompös und legen großen Wert auf den Showeffekt. Wir Europäer sind da eher zurückhaltender. Das ist vielleicht auch der Grund, weshalb man bei uns kaum American Saddlebreds findet. Eigentlich schade, sind es doch wunderschöne Tiere mit einem nervenstarken Charakter, hoher Intelligenz und Lernbereitschaft. Als Gangpferde sind sie zudem bequem im Tölt zu reiten. Eigentlich das perfekte Freizeitpferd, wenn es denn auch pferdegerecht gehalten wird. Leider werden auch Pferde der »Schönheit« wegen missbraucht. Das Saddlebred, Amerikas Showpferd Nummer eins, kommt in den USA nur allzu oft für Schönheitsoperationen unters Messer. Angesagt ist beispielsweise das Schweif-Lifting. Dabei wird die Muskulatur unter der Schweifrübe durchtrennt, damit der Schweif höher getragen wird. Nachts bindet man den Pferden eine Manschette um, damit die Muskulatur nicht wieder zusammenwächst.

Auf Shows sind die Saddlers, wie sie auch genannt werden, bekannt für ihre unglaubliche Beinaktion. Dazu wird der Kopf extrem hoch getragen, der Rücken durchgedrückt, die Hufe lang gehalten und mit schweren Eisen beschlagen. Für den »feurigen« – oder eher panischen – Ausdruck in den Augen wird ihnen vor der Show ein Sack über den Kopf gezogen. Natürlich ist das Fell schön eingeölt, damit es richtig glänzt. Auffallend ist auch der ungewöhnliche Reitstil. Der Sattel liegt weit hinten auf dem Rücken, der Reiter hält die Arme hoch, damit das Pferd den Hals fast bis in die Senkrechte hochstrecken kann. Die Bandscheiben lassen grüßen. Für die Schönheit muss Pferd eben leiden – wie wahr!

Es war ein Foto des Pferdes Sea of Secrets, das mich auf die American Saddlebreds aufmerksam machte. Es wurde 1977 aufgenommen auf der World's Championchip Horse Show – eine Misswahl in der Pferdewelt, wie könnte man es anders ausdrücken.

Jeweils im August findet während der Kentucky State Fair in Louisville, USA, die World's Championchip Horse Show statt. Ein Spektakel, bei dem sich über 2.000 Saddler in Wettkämpfen messen. www.kystatefair.org/wchs

91 Secretariat

Big Red und das Monsterherz

Das legendärste Pferderennen aller Zeiten war wohl das Belmont Stakes New York im Juni 1973. Bis heute hält Secretariat den Streckenrekord. Er gewann das Rennen mit unglaublichen 31 (!) Pferdelängen Vorsprung auf seine vier Konkurrenten. Mit Belmont Stakes gewann der Hengst das dritte von drei Rennen für Dreijährige innerhalb von zwei Monaten und damit die Triple Crown, etwas, das seit »Citation« 1948 keinem Pferd mehr gelungen war. Zu Recht wird Secretariat als einer der größten Galopper aller Zeiten angesehen.

Er war in der Tat außergewöhnlich. Seinen Übernamen »Big Red« lieh er sich von Man o'War, beide waren sie große fuchsfarbene Pferde. Beim Kentucky Derby zeigte sich, dass Secretariat jede Viertelmeile schneller lief als die davor. Eigentlich werden Rennpferde über die gesamte Renndistanz langsamer – nicht so der Champion.

Nach dem Sieg der Triple Crown in New York zog seine Besitzerin Helen »Penny« Chenery ihn vom Rennsport zurück. Auf ihrer Farm durfte er sein restliches Leben als Zuchthengst genießen. Über 600 Fohlen hat er gezeugt, darunter einige gute Rennpferde, die aber fast ausschließlich Stuten waren. Einen Sohn von seiner Qualität konnte Secretariat nie zeugen.

1989 musste der Hengst wegen einer Huferkrankung eingeschläfert werden. Erstaunliches brachte die Autopsie hervor. Üblicherweise wiegt das Herz eines Rennpferdes drei bis vier Kilogramm. Jenes von Secretariat wog beinahe zehn Kilogramm. Man vermutet dahinter eine genetische Anomalie, welche der große Galopper Eclipse (geboren 1764) über seine Töchter weitervererbte. Kein Wunder, brachte solch ein Herz doch genügend Sauerstoff in die Muskeln, um Secretariat wie eine Rakete laufen zu lassen. Es machte ihn unsterblich. Die amerikanische Post brachte ihm zu Ehren eine Briefmarke heraus. Secretariat hat noch heute eine eigene Website und einen Fanclub.

2010 erschien der Walt-Disney-Film »Secretariat – Ein Pferd wird zur Legende« mit Diane Lane und John Malkovich in den Hauptrollen.

92 _ Sefton

Die Grausamkeit eines terroristischen Verbrechens

Am 20. Juli 1982 um 10:43 Uhr war ein berittenes Regiment der britischen Armee, das zum Schutz der Königin Elisabeth II. zur morgendlichen Wachablösung beim Buckingham Palace eingeteilt war, auf dem South Carriage Drive beim Hyde Park unterwegs Richtung Palast. Unter den 16 Pferden war auch Sefton, ein Routinier, der seit 1967 bei der Armee diente. Obwohl sonst nur reine Rappen aufgenommen wurden, machte man bei Sefton eine Ausnahme, denn an Kopf und Beinen hatte er weiße Abzeichen.

Niemand ahnte, wie grausam dieser Morgen enden würde. Ein blauer Wagen stand an der Straße geparkt. Ohne Vorwarnung explodierte er, als das Regiment an ihm vorbeiritt. Die Bombe war mit Nägeln gefüllt, die wie Geschosse durch die Luft flogen. Vier Soldaten und sieben Pferde kamen ums Leben. Die anderen Pferde wie auch weitere Soldaten und Touristen wurden teils schwer verletzt. Sefton traf es ganz schlimm. Sein Körper war mit fast 40 Wunden übersät. Ein Metallstück des Wagens steckte in seiner Halsschlagader, fünf Nägel in seinem Kopf, und das rechte Auge war verbrannt. Das Pferd erlitt einen großen Blutverlust und einen Schock.

Die IRA bekannte sich später zu dem Anschlag und auch zu der zweiten Bombe, die sie eine Stunde später beim Regent's Park zündete.

Sefton kämpfte sich langsam ins Leben zurück, so auch zwei weitere Pferde: Echo und Yeti. Die Londoner nahmen großen Anteil an der Tragödie und sammelten Spendengelder. Als sich sein Reiter Michael Pederson Monate später wieder in Seftons Sattel setzte, jubelte die Bevölkerung und wählte Sefton zum Pferd des Jahres. Doch nach dem Bombenanschlag lahmte er, und er weigerte sich auch, an der Unglücksstelle vorbeizureiten. 1984 entließ man ihn aus dem Armeedienst. Er durfte bis zu seinem Tod 1993 im »Home of Rest for Horses« sein Leben genießen – so gut er das als Opfer eines terroristischen Anschlags noch konnte.

93 __ Serko

Zwei einsame Wölfe in der sibirischen Kälte

Der Nordosten Russlands an der Grenze zur chinesischen Mandschurei ist einsames Land. Ende des 19. Jahrhunderts lebte der junge Kosaken-Leutnant Dmitry Peshkov in dem kleinen Dorf Blagovestchensk am Ufer des Amur. Der Fluss bildete die Grenze zu China. Die Aufgabe des Amur-Kavallerie-Regiments war es, diese Grenze zu sichern. Aber das Übel kam oft aus den eigenen Reihen. Korrupte Gouverneure beuteten ihre Untertanen aus und unterdrückten das indigene Volk der Ewenken.

Im Jahr 1885 kaufte Peshkov den kleinen grauen Serko. Ein Jakute, eine heutzutage seltene Ponyrasse. Serko hatte eine Ramsnase, einen kräftigen Hals, kurze Beine mit großen Hufen und ein dichtes Fell mit einer Speckschicht darunter, die ihn auch bei minus 60 Grad warm hielt. Er war ein zähes und ausdauerndes Pony und Peshkovs bester Freund in der kalten Einsamkeit.

Damals wurden die Jakuten in großer Anzahl geschlachtet, da sie den Arbeitern der Eisenbahnlinie als Fleischlieferant dienten. Um das Unrecht in seinem Land nicht länger mitansehen zu müssen, beschloss Peshkov, der sein Dorf kaum je verlassen hatte, nach Sankt Petersburg zu reiten. Dort wollte er dem Zaren Alexander III. von den schlimmen Zuständen an der östlichen Grenze berichten. Er sattelte Serko und ritt am 7. November 1889 los.

Seine fast 200-tägige Reise führte ihn durch die große eurasische Steppe, über das Tian-Shan-Gebirge und durch die sibirischen Wälder – und das wohlgemerkt während der Wintermonate. Peshkov legte auf seinem kleinen Serko eine Strecke von beinahe 9.000 Kilometern zurück.

Am 19. Mai 1890 ritt er in Sankt Petersburg ein. Pferd und Reiter waren bei bester Gesundheit und in guter Verfassung. Er sprach beim Zaren vor, erzählte von den Missständen in seiner Heimat und warb für die Rasse der Jakuten. Für seinen Einsatz bekam Peshkov vom Zaren eine Medaille überreicht.

94 Sleipnir

Acht Beine für Göttervater Odin

Die Wikinger geizten nicht mit Phantasie, wenn sie über ihre Götter berichteten. Nach germanischer Vorstellung lebte das kriegerische Herrschergeschlecht der Asen in Asgard, angeführt vom Göttervater Odin und dessen Sohn Thor.

Damit sie Asgard vor den feindlichen und streitlustigen Riesen beschützen konnten, wollten die Asen einen Schutzwall bauen und engagierten einen Baumeister mit seinem riesigen Hengst Svadilfari. Doch kein Schutzwall ohne Gegenleistung. Der Baumeister wollte die Sonne, den Mond und die schöne Göttin Freya als Entschädigung. Ein hoher Preis. Der listige Gott Loki schlug Odin vor, auf den Handel einzugehen, unter der Bedingung, dass der Wall schon nach einem Winter statt nach eineinhalb Jahren fertiggestellt sein musste, sonst gäbe es keinen Lohn. Der Baumeister sagte zu, und zusammen mit seinem Hengst schuftete er Tag und Nacht. Den Göttern gefiel nicht, dass er, entgegen ihrer Annahme, seinen Zeitplan einhalten konnte.

Einen Tag vor der Vollendung des Walls musste sich Loki, der selber von den Riesen abstammte, als Strafe für seinen schlechten Plan in eine Stute verwandeln, um so dem Hengst Svadilfari gehörig den Kopf zu verdrehen und den Bau zu stoppen. Der Baumeister tobte, als er die List erkannte, und entpuppte sich als einer der feindlichen Riesen. Thor schlug ihm kurzerhand mit seinem Hammer den Kopf ein.

Doch Lokis Ausflug in die Tierwelt blieb nicht ohne Folgen. Der arme Kerl trug jetzt nämlich Svadilfaris Nachwuchs in seinem Bauch und musste bis zu dessen Geburt als Stute durch Asgard traben. Loki gebar ein riesiges graues Fohlen – gesegnet mit acht Beinen und unbändiger Kraft. Das war genau das richtige Tier für Göttervater Odin. Auf Sleipnir, dem »schnellen Läufer«, konnte Odin über die Meere galoppieren, sich in die Lüfte erheben oder nach Niflheim ins Reich der Toten reiten.

95__Snowman

Wenn der Pferdemetzger leer ausgeht

Snowmans Geschichte ist eine Cinderella-Story. Es ist die Geschichte von einem Underdog, der hoch hinaussprang. Es ist die Geschichte von einer Freundschaft, die keine Hürden kannte, und eine Geschichte, bei der Leben und Tod ganz nah beieinanderlagen.

Es war das Jahr 1956, als Harry de Leyer auf einer Auktion in New Holland, Pennsylvania, ein braves Pferd für seine Reitschule suchte. Doch er kam zu spät und fand nur noch die armen Tiere vor, die nicht verkauft werden konnten und beim Pferdemetzger enden würden. Es war Liebe auf den ersten Blick, als de Leyer in die sanften Augen des großen Schimmels Snowman blickte, ein achtjähriger Wallach, der in der Landwirtschaft als Zugtier gearbeitet hatte. De Leyer zahlte 80 Dollar für Snowman und rettete ihm damit das Leben.

Im Reitstall zeigte sich Snowman von seiner besten, kinderlieben Seite. Ein Nachbar kaufte de Leyer deshalb das gute Tier für seinen Sohn ab. Doch Snowman wollte wieder zurück zu seinem Lebensretter und übersprang mit Leichtigkeit alle Zäune, die ihm dabei im Weg standen. Beeindruckt von der Leistung, kaufte de Leyer ihn wieder zurück und begann mit ihm zu springen. Zwei Jahre später war er an der Spitze angelangt, gewann unzählige Preise und machte sich auch beim Showspringen einen Namen, als er zum Beispiel über ein anderes Pferd sprang. Natürlich griff die Presse die Cinderella-Story von Snowman auf, einem 80-Dollar-Pferd, das gegen »Windsor Castle« sprang, für den sein Besitzer mehr als das 300-Fache gezahlt hatte. Das Fernsehen lud Snowman zu Shows ein, zwei Bücher wurden über ihn geschrieben, er hatte seinen Fanclub, und sein Leben wurde verfilmt.

Wegen seines Alters und der Abnutzungserscheinungen durch seine Zeit als Arbeitspferd zog de Leyer ihn rechtzeitig vom Springsport zurück und gönnte ihm sein verdientes Gnadenbrot auf seiner Farm bei den Kindern.

2015 erschien der Dokumentarfilm »Harry & Snowman«, der eindrücklich von der Freundschaft zwischen dem Pferd und seinem Lebensretter erzählt.

96__Springer
Die Weizenkornlegende und das königliche Spiel

Was wären König und Dame ohne ihre Pferde? Auf dem Schlachtfeld war es üblich, die berittenen Soldaten rasch vorrücken zu lassen, und so wird auch auf dem Schachbrett der Springer möglichst früh ins Spiel gebracht. Symbolisch stellt er die Kavallerie dar, die plötzlich von der Flanke her auftaucht, das eigene Fußvolk umgeht und den Gegner überraschend attackiert.

Der Springer, früher auch Rössel genannt, hat die Eigenart, über die Figuren beider Farben zu springen. Er landet immer auf einem Feld anderer Farbe. Sein Zickzackweg zur gegnerischen Brettseite ist etwas umständlich, und er ist nicht gerade die schnellste unter den Schachfiguren, aber nicht zu unterschätzen. Er ist unberechenbar, und man sollte ihn nie aus den Augen verlieren. Arbeitet er mit seiner Dame zusammen, so bilden die beiden ein gefährliches Team. Den Springer hält der Gegner nicht auf, indem er ihm eine Figur in den Weg stellt. Anfänger werden mit dem Spruch gewarnt: »Ein Springer am Rand bringt Kummer und Schand.«

Der Ursprung des Schachspiels ist unbekannt, wird aber in Nordindien vermutet. Das Schach kam durch die Kreuzritter von Persien her über die arabischen Länder nach Europa. Es kursiert die Legende, dass der Brahmane Sissa das Spiel erfand, um dem tyrannischen Herrscher Shihram auf subtile Art aufzuzeigen, wie das gemeine Volk, das Militär und der Herrscher selbst zusammenzuspielen haben, um als Nation zu überleben. Alle waren sie abhängig voneinander, und agierten sie nicht als Einheit, waren sie dem Untergang geweiht.

Shihram gewährte Sissa zum Dank für diese Einsicht durch das Spiel einen Wunsch. Sissa wollte ein Weizenkorn auf dem ersten Feld des Schachbretts. Mit jedem weiteren Feld sollte sich die Anzahl der Körner verdoppeln. Was nach nichts aussah, erwies sich bald als mathematisch und physikalisch unlösbare Aufgabe. Es gab schlicht nicht genügend Körner auf dieser Welt.

97 Steamboat

Das buckelnde Wahrzeichen Wyomings

Fährt man durch Wyoming, im Nordwesten der USA, so fährt man auch durch das Land der Cowboys. Er ist der bevölkerungsärmste der Bundesstaaten, mit dem Yellowstone-Nationalpark als sein Wahrzeichen. Wyoming erstreckt sich von den Great Plains bis zu den Rocky Mountains. Auf den Straßen fällt einem unweigerlich auch das buckelnde Rodeopferd mit Reiter auf, das auf den Fahrzeugnummernschildern aufgedruckt ist. Dieses Symbol wurde einem ganz besonderen Pferd gewidmet: Steamboat.

In Wyoming züchtete man hervorragende Pferde. Ende des 19. Jahrhunderts galten sie mitunter als die besten der Welt. Viele der Tiere dienten in der Armee und wurden auch von den Europäern aufgekauft, um sie im Ersten Weltkrieg einzusetzen. Tausende Pferde aus Wyoming verschiffte man deshalb über den Atlantik.

Steamboat aber hatte eine andere Bestimmung. Er kam 1896 in Chugwater zur Welt. Der schwarze Hengst wurde als Dreijähriger kastriert und gebrandmarkt. Beim Versuch, ihn dafür zu Boden zu legen, wehrte er sich so heftig, dass ein Stück Knochen in seiner Nase brach und durch die Nüstern entfernt werden musste. Seither pfiff Steamboat wie ein Dampfschiff aus seiner Nase, wann immer er sich anstrengte.

Erfahrene Cowboys versuchten vergeblich, den Bronco zuzureiten. Wahrscheinlich konnte er das Trauma der Kastration nie überwinden. Er ließ sich nicht satteln. Für ein Pferd, das nicht geritten werden konnte, gab es nur eine Option: Rodeo. Obwohl er an der Hand gut zu kontrollieren war, wurde er zu einem echten Teufelskerl, kaum setzte sich ein Mann auf seinen Rücken. Im Buckeln mit gestreckten Beinen war er unschlagbar. In seiner 15-jährigen Karriere haben sich nur wenige Reiter die verlangten acht Sekunden auf seinem Rücken halten können. Er wurde zu einer Rodeo-Legende. Steamboat starb 1914 und bekam einen Platz in der »Hall of Fame« der Rodeopferde.

Cody ist Wyomings Rodeo-Hauptstadt. Jedes Jahr vom 1. Juni bis zum 31. August finden jeden Abend zwischen 20 und 22 Uhr Rodeos statt. Das Cody Nite Rodeo gibt es seit 1938 und ist ein Muss für jeden Cowboy-Freak (www.codystampederodeo.com).

98__ Streiff und Schwedenschimmel

Zwei königliche Pferde für die Ewigkeit

Könige kommen und gehen – und mit ihnen die Pferde. Aber einige bleiben für lange Zeit, so wie die beiden Kriegspferde des schwedischen Königs Gustav II. Adolf. 1630 zog er in den Dreißigjährigen Krieg, um sein Land und die protestantische Union gegen die Habsburger und das katholische Lager zu verteidigen. Bei der Belagerung von Ingolstadt in Bayern 1632 ritt er seinen Schwedenschimmel. Doch das unglückliche Tier traf bei einem Erkundungsritt entlang der Stadtmauer eine Kugel am Bein. Es stürzte und begrub den König unter sich. Gustav II. Adolf kam mit Prellungen und einem Schrecken davon. Für seinen Schwedenschimmel blieb nur der Gnadenschuss. Die Ingolstädter konnten schließlich die Belagerung abwehren und holten den Kadaver des Schwedenschimmels als Trophäe in ihre Stadt, zogen ihm die Haut ab, gerbten sie und präparierten das Fell über einem Holzkörper. Der Schwedenschimmel gilt als das älteste ausgestopfte Pferd Europas und ist noch heute als Hauptattraktion im Stadtmuseum Ingolstadt zu sehen.

Doch der Schwedenschimmel ist nicht das einzige Pferd von König Gustav II. Adolf, welches die Zeit überdauert hat. In der Rüstkammer des königlichen Schlosses in Stockholm, dem ältesten Museum Schwedens, steht der braune Oldenburger Streiff. Am 6. November 1632 ritt Gustav II. Adolf seinen Streiff bei der Schlacht von Lützen, wo er persönlich den Gegner attackierte. Ein Schuss jedoch durchschlug den Ellbogen des Königs, und die gleiche Kugel grub sich in den Nacken von Streiff. Dieser brannte in Panik durch. Der König fiel aus dem Sattel, wurde mitgeschleift und von weiteren Kugeln durchbohrt. Gustav II. Adolf starb an diesem Tag auf dem Schlachtfeld. Streiff hatte mehr Glück. Trotz Verwundung überlebte er und wurde beim Trauerzug des Königs mitgeführt. Als er ein Jahr später verstarb, ließ man seinen Kadaver in Erinnerung an den gefallenen König ausstopfen.

Adresse Stadtmuseum Ingolstadt, Auf der Schanz 45, 85049 Ingolstadt, Deutschland | **Öffnungszeiten** Di – Fr 9 – 17 Uhr, Sa und So 10 – 17 Uhr | **Tipp** Die Rüstkammer des königlichen Schlosses befindet sich im Umbau und wird 2019 in neuem Glanz eröffnen. Livrustkammaren, Slottsbacken 3, 11130 Stockholm, www.livrustkammaren.se

99__Die Stuten Mohammeds
Für die Ewigkeit vom Propheten gesegnet

Das Blut eines reinen Vollblutarabers, eines Asil Arabers, ist auf fünf Stuten zurückzuführen, so wird es überliefert. Es sind dies die Stuten Mohammeds, des Propheten Allahs, welche auf die Namen Abayyah, Hadbah, Hamdaniyah, Kuhaylah und Saqlawiyah hörten. Zu erkennen seien ihre Blutlinien bis heute an den Haarwirbeln am Nacken besonders edler Araberpferde.

Es war im Jahr 622 nach Christus, als der Prophet Mohammed von Mekka nach Medina floh. Er geriet mit seiner Karawane in einen schweren Sandsturm. Als am Abend endlich der Wind abflaute, erreichten sie einen Brunnen. Die Tiere, vom Sturm ausgetrocknet und am Verdursten, stürmten auf das Wasser los. Der Prophet rief sie zurück, doch einzig die fünf Stuten hörten auf die Stimme ihres Herrn und blieben bei ihm. Mohammed segnete sie für ihre Treue und Ergebenheit und legte ihnen dabei den Daumen an den Nacken. Daraufhin sollen sich an jener Stelle die kleinen Wirbel gebildet haben, welche bis heute das arabische Vollblut auszeichnen.

Die Wüstenpferde gelten als eine der schönsten Pferderassen der Welt, mit schlanken Gliedern, einem kleinen Kopf, den sie hoch im Wind tragen, dem typischen »Araberknick« im Nasenbein, einer weiten Stirn, großen Augen und geblähten Nüstern. So zierlich sie auch aussehen, so zäh und genügsam sind die arabischen Pferde, ertragen Hitze und Kälte und kommen mit wenig Wasser und nur karger Nahrung aus.

Carl Reinhard Raswan, der 1893 in Dresden geboren wurde, war einer der bekanntesten Kenner und Förderer des Asil Arabers zu seiner Zeit. Er schrieb mehrere Bücher über die Pferde, die er auf seinen Reisen durch den Orient kennenlernen durfte. Ein Buch erhielt den Titel »Trinker der Lüfte«, und noch heute werden Vollblutaraber gerne so bezeichnet, ist es doch ihr Markenzeichen, mit stolz erhobenem Kopf und geblähten Nüstern dem Himmel ein Stück näher zu sein.

100_ Tempelhüter

Machtspielchen um ein deutsches Edelpferd

Trakehnen war eines der Hauptgestüte Preußens und musste 1944 evakuiert werden, als die Rote Armee vorrückte. Heute nennt sich das Dorf Jasnaja Poljana und gehört zu Russland. Der dunkelbraune Trakehnerhengst Tempelhüter war bis 1931 in Trakehnen Hauptbeschäler. Über das Leben des wertvollen Pferdes ist wenig bekannt. Ein Deckhengst tut eben, was er tun muss. Anders sieht es mit der Statue von Tempelhüter aus – deren Geschichte könnte ein ganzes Buch füllen.

Der Bildhauer Reinhold Kuebart schuf Tempelhüters Bronzestatue, die er 1932 vor dem Landstallmeisterhaus des Trakehnergestüts enthüllte. Tempelhüter stand jetzt dort, wo bis 1914 die Bronzeplastik des Hengstes Morgenstrahl thronte, welche die Russen aber im Ersten Weltkrieg als Kriegsbeute mitgehen ließen. Den Russen schien auch Tempelhüters Statue ein schickes Accessoire. Sie raubten diese während des Zweiten Weltkrieges und stellten sie 1945 als Trophäe in Moskau vor dem Landwirtschaftsministerium auf. Doch nicht allen Russen schien der deutsche Hengst zu gefallen. 1990 verwüsteten ihn Vandalen, und später beschädigte ein Feuer seine Bronzeglasur. Heute steht die Statue sicher verwahrt im Innern des Museums der Landwirtschaftlichen Akademie in Moskau.

1970 versuchte das Deutsche Pferdemuseum, Tempelhüter zurück nach Deutschland zu bringen. Erfolglos. Die Russen waren nicht bereit, sich von ihrer Kriegsbeute zu trennen. Beharrliche Verhandlungen brachten schließlich die Einwilligung, einen Abguss herzustellen – sofern die Deutschen zahlten. Seit 1974 steht Tempelhüters Kopie vor dem Pferdemuseum in Verden.

2007 unternahm der Förderverein »Hilfe für Trakehnen e. V.« einen neuen Versuch und verhandelte mit den Russen über die Rückführung Tempelhüters. 11.000 Petitionsunterschriften überzeugten die russische Regierung. Ein zweiter Abguss steht jetzt wieder auf dem Originalsockel in Jasnaja Poljana.

Adresse Deutsches Pferdemuseum e. V., Holzmarkt 9, 27283 Verden, Deutschland, www.dpm-verden.de | **Anfahrt** A 27, Abfahrt Verden-Ost, Richtung Zentrum. Das Museum liegt direkt neben dem Bahnhof. | **Öffnungszeiten** Di–So 10–17 Uhr

101 Tenebrus

Harry Potter und der knochige Thestral

Weiße Augen leuchten aus dem Dunkel des »Verbotenen Waldes«. Es sind unsichtbare Schatten, die sich nähern, angezogen vom Geruch des Blutes. Ein kalter Schauer überkommt Harry, denn zu sehen bekommt man einen Thestral einzig, wenn man schon einmal dem Tode ins Angesicht geblickt hat und wenn man sich ehrfürchtig diesem gebeugt und ihn ebenso akzeptiert hat wie das Leben selbst.

Angeführt wird die Thestralherde von dem Hengst Tenebrus. Er ist größer als jedes normale Pferd, seine Haut schimmert schwarz, Mähne und Schweif fehlen im Film. Er bewegt sich so elegant, wie sich ein mit Haut überzogenes Gerippe bewegen kann. Sein Kopf ist lang und schlank, ähnlich einem Reptil mit Vogelschnabel. Tenebrus schnaubt wild und spannt seine Flügel zu voller Größe aus. Es sind lederne Flügel wie die einer Fledermaus.

Früher galten die Thestrale in Hogwarts als unheimlich und gefährlich, als böses Omen. Sie wurden gejagt und schlecht behandelt. Es war der Halbriese Rubeus Hagrid, der das Gute in den Kreaturen erkannte. Tenebrus war der erste Hengst, den er erfolgreich züchten konnte. Die Tiere aus Hagrids Herde ziehen seither die Kutschen, welche die Zauberlehrlinge vom Bahnhof zur Schule bringen. Für fast alle Schüler eine unheimliche Situation, sind die Thestrale für sie doch unsichtbar.

Harry ist im fünften Schuljahr, als er von Hagrid in der »Pflege von magischen Geschöpfen« unterrichtet wird und Bekanntschaft mit einem Thestral macht. Und Harry genießt sichtlich den luftigen Ritt auf dem Rücken des geflügelten Pferdes, das schnell und zielsicher seinen Anweisungen folgt.

Auch wenn die Thestrale in den Harry-Potter-Büchern von J. K. Rowling keine Hauptrolle einnehmen, so sind sie doch faszinierende Wesen. Außerdem werden sie im Film »Phantastische Tierwesen: Grindelwalds Verbrechen«, der im Winter 2018 in die Kinos kommt, wieder ihren Auftritt haben.

102 The Kelpies
Wassergeister in gigantischer Pferdegestalt

Sie sind eine enorme Erscheinung, die beiden 30 Meter hohen Pferdeköpfe aus Stahl, die rechts und links des Forth-and-Clyde-Kanals stehen, der quer durch Schottland fließt und den Atlantik im Westen mit der Nordsee im Osten verbindet. Die Stahlgiganten sind beeindruckend, der eine sich aufbäumend, der andere fast drohend herabblickend. Um sie herum baute man ein Wasserbecken, das ihre Gestalt spiegelt, eindrücklich bei Sonnenlicht, noch eindrücklicher in der Nacht, wenn sie vierfarbig beleuchtet werden. Der Künstler Andy Scott schuf das Denkmal 2013 in Falkirk. Nach acht Jahren Planung wurden die Kelpies in nur 90 Tagen aus Stahlplatten errichtet. Sie sind eine Verschmelzung von Kunst und Technik und locken einheimische Besucher ebenso an wie Touristen aus aller Welt, sind sie doch die größten Pferdestatuen, die man je baute.

In der schottischen Mythologie sind die Kelpies hinterhältige Geister. Sie treten meist als Pferd in Erscheinung, manchmal auch mit Fischschwanz, und tummeln sich an der Küste oder in Flüssen. Ihre Farbe ist schwarz, seltener weiß, das Fell, ähnlich einer Robbe, mit einem blauen Glanz überzogen. Schweif und Mähne sind triefend nass. Fast charmant bieten sie dem Ahnungslosen einen Ritt auf ihrem Rücken zum anderen Ufer an. Doch kaum setzt sich ein Mensch auf ein Kelpie, klebt er auf seinem Rücken fest und kann sich nicht mehr befreien. Dann reißt der Wassergeist ihn mit in die Tiefe und verspeist ihn gierig. Eine andere List des Kelpies ist es, sich in eine schöne Frau zu verwandeln, um die Männer zu umgarnen. Als Gestaltwandler ist dem Kelpie jedes Mittel recht, um zu einer leckeren Mahlzeit zu kommen.

Doch die Pferdegiganten in Falkirk stehen symbolisch noch für andere Pferde. Sie sind auch den Treidelpferden gewidmet, welche vor der Mechanisierung die Boote und Schiffe in harter Arbeit die Kanäle hochzogen.

Adresse The Helix Park, Falkirk, FK2 7ZT, Schottland | **Öffnungszeiten** täglich 24 Stunden

103 Thumbelina

Der Zwerg unter den Minis

Ihr Leben bringt so einige Vorteile mit sich: Sie braucht keine Pferdebox, denn eine gemütlich eingerichtete Hundehütte ist viel besser; sie muss sich nie mit einem Reiter auf ihrem Rücken herumplagen und sinnlos im Kreis laufen; über Zäune kann sie nur herzlich wiehern – die sind kein Hindernis, sie überwindet jeden, indem sie einfach locker untendurch spaziert; und, sind wir ehrlich, all die Medienpräsenz und Aufmerksamkeit mit den vielen Leckerlis sind doch toll. Zudem tut sie Gutes – und das mit ihrem großen Mini-Herzen: Sie sammelt fleißig Spendengelder, dabei besucht sie Kinderkrankenhäuser und bringt die kleinen Patienten zum Lachen. Alles, was sie dabei tun muss, ist, sich knuddeln zu lassen. Wenn das mal kein Leben ist!

Seit 2006 führt das Guinnessbuch der Rekorde sie als kleinstes Pferd der Welt. Thumbelina, was übersetzt Däumling heißt, ist knapp 45 Zentimeter hoch und wiegt leichte 26 Kilogramm. Am 1. Mai 2001 kam die kleine Stute auf der Goose Creek Farm in St. Louis, Missouri, USA, zur Welt.

Ihre Besitzer, Kay und Paul Goessling, waren besorgt, war das Fohlen doch winzig und wirkte kränklich. Die Goesslings, die Falabellas züchten, die kleinste Pferderasse der Welt, die normalerweise etwa einen Meter groß wird, merkten bald, dass sie hier einen Falabella-Zwerg in den Armen hielten. Doch das Minifohlen entwickelte sich prächtig. Nur mit den Beinen hat Thumbelina Mühe und muss daher oft orthopädische Stützen tragen. Sie könnte auch selber Mutter werden, aber dieses sinnlose Risiko wollen die Goesslings nicht eingehen.

Doch so klein sie auch ist, sie ist ein Pferd und hat ihren eigenen Kopf. Und clever, wie sie ist, sucht sie sich Freunde in ihrer Gewichtsklasse aus. Jedes andere Pony ist ja mindestens doppelt so groß wie sie. Da sind Hunde und Ziegen manchmal einfach die besseren Spielpartner.

»Wir haben kleine Pferde für kleine Leute, kräftige Pferde für kräftige Leute, schlanke Pferde für schlanke Leute, große Pferde für große Leute. Und für alle, die noch nie geritten sind, haben wir Pferde, die noch niemand geritten hat.« *Unbekannt, Anschlag in einem Reiterhotel*

104_ Tikbalang
Der philippinische Pferdedämon

Er ist eine Kreatur der Nacht, manche sagen, er sei ein ausgestoßener Fötus aus der Hölle. Er ist ein Hybrid, halb Mensch, halb Pferd, eine Missgeburt, ein Dämon, ein Geist. Er ist böse, aber kein Monster und treibt seine Spielchen mit den Menschen, er leitet sie in die Irre, verhöhnt sie, treibt sie in den Wahnsinn. Die Kinder haben Angst vor ihm, die Erwachsenen auch. Der Tikbalang ist ein großes, drahtiges Wesen mit dem Kopf und den Hufen eines Pferdes, aber dem Körper eines Mannes.

In der philippinischen Mythologie geistert er im Dunklen durch die Wälder und lebt in den Bergen. Man glaubte, dass der Tikbalang mit dem Eintreffen der spanischen Eroberer seinen Anfang nahm, verschmolzen doch für die Einheimischen, die zum ersten Mal Pferde sahen, Reiter und Tier zu einem einzigen Wesen. Doch den Tikbalang gab es schon viel früher. Er war schon immer da. Oft wird er mit dem hinduistischen Gott Vishnu in Verbindung gebracht.

Unheimliche und beängstigende Geschichten ranken sich um den Dämon und manifestieren sich als Aberglauben in der Bevölkerung. Verirrt sich eine arme Seele in den Wäldern, so ist das ein Werk Tikbalangs. Sie findet nur aus dem Dickicht heraus, indem sie ihre Kleider von innen nach außen wendet und sie falsch herum trägt. Es soll auch helfen, wenn man darum bittet, freigelassen zu werden. Man sollte Lärm vermeiden, um den Tikbalang nicht unnötig zu reizen. Auf Bildern wird er oft neben einem Baum stehend dargestellt. Er soll seine Gestalt ändern können und sich zum Beispiel in einen Menschen verwandeln oder aber für unser Auge unsichtbar sein können. Und sollte es einmal trotz Sonnenschein regnen, so ist das ein eindeutiges Zeichen für die Heirat eines Tikbalangs.

Die Legenden und Mythen rund um den Tikbalang sind vielfältig und faszinierend, deshalb wird der Pferdedämon gerne als Vorlage für Bücher, Filme oder Computerspiele genommen.

105__ Tony the Wonder Horse
Ein stummes Pferd auf Zelluloid

Zu wiehern gab es in der Stummfilmzeit nichts, trotzdem zog Tony the Wonder Horse seine Show auf der Leinwand ab, mit Mut, Charme und einer Prise Schalk. Tonys Laufbahn begann, als der Schauspieler Tom Mix auf ihn traf. Die beiden sollten ein Leben lang zusammenbleiben, und kein anderer Reiter soll je wieder auf Tony gesessen haben.

Dutzende Stummfilme haben Tony und Mix zusammen gedreht, und in dreien davon übernahm Tony die Hauptrolle: »Just Tony« (1922), »Oh! You Tony« (1924) und »Tony Runs Wild« (1926). Ein richtiger Hype entstand um das Pferd, es erhielt Fanpost, und Mix verdiente ein kleines Vermögen an ihm. Tony war intelligent und lernwillig und kannte unzählige Tricks. Er war auch ein echtes Stunthorse und machte den einen oder anderen Stunt, den Filmpferde heute nicht mehr machen dürften, weil es zu gefährlich ist und gegen die Richtlinien des Tierschutzes verstößt. Mix schwärmte, dass er seinem Pferd einfach sagen musste, was zu tun sei, und Tony machte es. Die Filmstudios zelebrierten regelrecht das Klischee von der Freundschaft zwischen dem Cowboy und seinem Pferd. Um ihre Filme zu promoten, reisten die beiden bis nach Europa. Man munkelte aber auch, dass hinter den Kulissen die Peitsche, scharfe Gebisse und Sporen eingesetzt wurden.

Im Alter von 22 Jahren ging Tony in Pension, nachdem er sich bei den Dreharbeiten zu »The Fourth Horseman« (1932) an der Hüfte verletzt hatte. Eigentlich ein Wunder, dass ein Filmpferd zu jener Zeit, fast ohne medizinische Betreuung, so lange in einem so gefährlichen Metier ohne größere Unfälle überlebt hat. Hollywood hat ihn für seine Leistung geehrt. Seine Hufabdrücke sind neben den Handabdrücken von Tom Mix vor dem Grauman's Chinese Theatre in Hollywood verewigt.

Mix verstarb 1940 bei einem Autounfall. Tony folgte ihm zwei Jahre später im schönen Alter von 32 Jahren.

»When they were about to do a difficult scene, Tom would pat Tony on his nose and say: ›Now, look, Tony, here's the way we're going to do this.‹ And then that was the way they did it.« *Olive Mix, 1957*

106__ Tornado
Eine Maske lässt den Wirbelwind kalt

Pechschwarz und unsichtbar in der Nacht, schnell wie ein Wirbelwind und intelligenter als so mancher Zweibeiner, das sind die Merkmale des Hengstes Tornado, den kein Geringerer reiten durfte als der legendäre Zorro. Auch wenn in den unzähligen Film- und Buchadaptionen die Hintergrundgeschichten und Charaktereigenschaften von Tornado variieren, so ist und bleibt er doch ein Pferd, das zusammen mit seinem Helden das Gute gegen das Böse verteidigte.

Die Legende des »Rächers der Armen« mit seinem schwarzen Cape und der Maske vor dem Gesicht ist bis heute präsent. Niemals sollte man deshalb die Macht eines Groschenromans unterschätzen. Aus dem tiefen Sumpf der Trivialliteratur ist Zorro auferstanden. »Der Fluch von Capistrano« von Johnston McCulley erschien 1919 im Pulp-Magazin »All-Story Weekly«. Bereits ein Jahr später folgte der Film: »Das Zeichen des Zorro«. McCulley schrieb daraufhin 60 weitere Geschichten über seinen maskierten Helden.

Als 1998 »Die Maske des Zorro« mit Antonio Banderas in die Kinos kam, erhielt Tornado seinen großen Showauftritt. Eigenwillig veräppelt der schwarze Hengst den Dieb Alejandro Murrieta, der später als Zorro aufersteht. Dieser hat so seine Mühe mit dem edlen Andalusier, der allerdings von zwei Friesen gespielt wurde. Der eher kleine Hengst Ariaan passte perfekt zu Banderas, der selber nicht der Größte ist. Für Steigszenen und wilde Ritte oder wenn der Hengst Ariaan, ganz nach seinem Vorbild Tornado, wieder einmal seinen Sturkopf zeigte, griff man auf den Wallach Tonka zurück.

Im Film verweigert Tornado Zorros Anweisungen je nach Laune. Zorro selber führt das darauf zurück, dass der Hengst unfähig ist, englische Befehle korrekt zu interpretieren – der Gaul spricht ja nur Spanisch. Na, diese Ausrede sollte sich jeder Reiter merken, wenn der Reitlehrer während einer Lektion wieder einmal gnadenlos die Übung kritisiert.

107 — Totilas

Das umstrittene Wunderpferd

Kein Pferd vermochte so sehr die Massen zu begeistern, Stadien zu füllen und eine Sportart neu aufleben zu lassen wie der schwarze Hengst Totilas, auch »Toto« genannt. Die PR-Maschinerie lief auf Hochtouren, T-Shirts, Tassen und andere Accessoires waren gefragte Merchandising-Artikel. Doch so beliebt das Dressurpferd war, das drei Weltrekorde brach und mit Wucht und Ausstrahlung glänzte, so umstritten war die Art und Weise seines Trainings.

Jan und Anna Visser, die Besitzer der Moorland Stables in Holland, züchteten das niederländische Warmblut im Jahr 2000. Unter seinem Reiter Edward Gal erreichte der Hengst Siege und Noten, von denen andere nur träumen konnten. Dann kam der Schock. 2010 kaufte der Deutsche Paul Schockemöhle zusammen mit der Familie Linsenhoff-Rath den Hengst zu einem Rekordpreis. Landesverrat, schrien die Holländer, denn jetzt startete Totilas unter seinem neuen Reiter Matthias Alexander Rath für Deutschland. Doch der Halterwechsel brachte kein Glück. Wohl gewann Rath mit Totilas einige Preise, doch wurden Pferd und Reiter von Verletzungen und Krankheiten geplagt. So verletzte sich Totilas als Zuchthengst bei einem zu eifrigen Sprung auf ein Phantom zum Absamen und musste zwölf Monate pausieren.

Dann kamen Fotos vom Reittraining in Umlauf, und die Gerüchteküche brodelte. Wurde der Hengst mit der sogenannten Rollkur zum Erfolg gequält? Bei der LDR-Trainingsmethode (Low, deep and round) werden die Köpfe der Pferde extrem nach unten gezogen, bis ihre Lippen fast schon die Brust berühren. Als Totilas 2015 in Aachen zur Prüfung antritt, wirkt er verkrampft und steif, und sein Gang ist nicht im Takt. Weshalb kam er trotz Verschleißerscheinung an der Hinterhand durch die tierärztliche Kontrolle? Es sollte seine letzte Prüfung sein. Seine Besitzer zogen ihn aus der Öffentlichkeit zurück. Ein stiller Abgang mit offenen Fragen. Totilas hätte wahrlich mehr verdient.

108__ Trigger

Die goldene Wolke am Filmset

In seiner 20-jährigen Karriere drehte der goldene Palominohengst Trigger über 80 Filme und über 100 Fernsehshows! Dabei begann seine Laufbahn ganz unspektakulär. Ungefähr 1932 auf einer Ranch bei San Diego geboren, war Golden Cloud, wie er damals noch hieß, kein reinrassiges Pferd, aber er hatte Charme, war intelligent und geduldig. Deshalb wurde er als Dreijähriger nach Hollywood verkauft.

1938 erschien der erste Spielfilm, in dem Golden Cloud eine Rolle ergatterte: »The Adventures of Robin Hood«. Im selben Jahr durfte sich der junge Schauspieler Roy Rogers für sein B-Western-Filmdebüt ein Pferd aussuchen. Er war begeistert von dem schnellen, lernbereiten Hengst und drehte mit ihm »Under Western Stars«. Man vermutete, dass es durchaus dem Pferd zu verdanken war, dass der Streifen ein kleiner Erfolg wurde. Rogers kaufte den Palomino für 2.500 Dollar, ein für ihn damals beachtlicher Betrag, den er in Raten abstotterte. Aber es war eine Investition, die sich auszahlen sollte. Eine gemeinsame Karriere und lebenslange Freundschaft lag vor ihnen.

Rogers gab Golden Cloud den neuen Namen Trigger. Der Hengst beherrschte über 60 Tricks und konnte angeblich 150 Schritte auf seinen Hinterbeinen laufen. Um ihn im Laufe der Jahre etwas zu schonen, kaufte Rogers zwei weitere Palominos. Er nannte sie Little Trigger und Trigger Junior. Die Doubles waren ein streng gehütetes Geheimnis, welches aber ein Pferdekenner leicht lüften konnte. Der »echte« Trigger hatte nur eine weiße Fessel, seine beiden Co-Stars deren vier.

Doch auch für das Traumpaar kam die Zeit, Abschied zu nehmen. Als Trigger 1965 verstarb, ließ Rogers ihn ausstopfen. Der Hengst stand im Roy Rogers – Dale Evans Museum in Missouri, prächtig in Szene gesetzt mit Zaumzeug und vergoldetem Sattel. 2010 wurde er versteigert, zu einem unglaublichen Preis von 266.000 Dollar.

109__ Trojaner
Den Feind im Leib

Es ist das wohl heimtückischste Pferd aller Zeiten. Scheinbar harmlos dringt es in einen geschützten Raum vor und zerstört von innen heraus sein Opfer. Das Böse lauert in ihm, verborgen und still, eine Bedrohung für Mensch und Maschine. Ist das Trojanische Pferd aus der Antike vielleicht nur ein Mythos und der Phantasie begnadeter Geschichtenerzähler entsprungen, so ist es doch heute allgegenwärtig und eine reale Gefahr – auch wenn es kein hölzerner Koloss mehr ist, sondern sich regelrecht in Luft aufgelöst hat, unsichtbar bleibt und nur noch aus einem Code besteht.

In den Epen »Ilias« und »Odyssee«, die Homer später niedergeschrieben hat, wird von der antiken Stadt Troja berichtet, die vor etwa 3.000 Jahren von den Griechen belagert wurde. Ganze zehn Jahre sollen die Angreifer erfolglos ausgeharrt haben, bis sie einen genialen Plan schmiedeten.

Zu Ehren der Göttin Hera bauten sie ein riesiges Holzpferd und zogen sich dann scheinbar geschlagen zurück. Die Trojaner fielen auf den Trick herein und holten das Pferd zu sich in die Stadt, ohne zu bemerken, dass darin versteckt etwa 40 bis 50 der besten griechischen Elitekrieger lauerten. Der Ausgang der Geschichte ist bekannt. Troja wurde erbarmungslos eingenommen. Dass dies sich tatsächlich so zugetragen hat, ist historisch nicht belegt, der Mythos entstammt aber sehr wahrscheinlich einer Eroberung, die so ähnlich stattgefunden hat.

Es ist ebendiese Kriegslist, die uns heute, im Zeitalter von Computer und Internet, mehr denn je bedroht. Der »Trojaner«, der sich in einer E-Mail, auf einer Webseite oder in einem Anhang versteckt und sich klammheimlich mit einem Mausklick auf den eigenen PC schleicht, um im Hintergrund Daten auszuspionieren, ist die technologische Auferstehung des Mythos. Eine solche Verbreitung ihrer Waffe hätten sich die Griechen damals sicher nicht träumen lassen.

110_ Turm der blauen Pferde

Die Farbe der Hoffnung – für Tier und Kunst

Wahrlich ein Drama im doppelten Sinn umgibt das Gemälde »Der Turm der blauen Pferde«, welches der deutsche Maler Franz Marc 1913 auf die Leinwand brachte. Das Ölgemälde, das stolze 200 mal 130 Zentimeter misst, zeigt vier übereinandergestaffelte blaue Pferde vor einer abstrakten, in Gelb- und Rottönen gemalten Felslandschaft mit Regenbogen. Es gilt bis heute als ein Schlüsselwerk des Expressionismus.

Das Blau steht für die Sehnsucht und Hoffnung, aber auch für die Verzweiflung. Franz Marc, der im Ersten Weltkrieg diente und 1916 vor Verdun, an der französischen Grenze, durch einen Granatsplitter fiel, litt mit den Pferden, die er im Krieg in Massen verenden sah, oft auf grausame Weise. In einem Brief, den er zwei Wochen vor seinem Tod schrieb, steht: »Die Pferde sind seit Abmarsch nicht mehr aus dem Geschirr gekommen.«

Doch auch das Gemälde selbst hat eine traurige Geschichte. Es hing im Kronprinzenpalais in Berlin, bis 1937 die Nationalsozialisten Franz Marc als »entarteten« Künstler bezeichneten und das Gemälde abhängten. Zusammen mit anderen »unwürdigen« Bildern lagerten die blauen Pferde auf Schloss Niederschönhausen zwischen, wo Hermann Göring das Bild persönlich für seine eigene Sammlung aussuchte. Zeugenaussagen zufolge soll es nach Kriegsende im »Haus am Waldsee« in Zehlendorf gesehen worden sein. 2001 machten Gerüchte die Runde, dass es in einem Banksafe in Zürich liegt, beweisen konnte es aber niemand.

Das Gemälde bleibt verschollen. Vielleicht wurde es noch während des Krieges zerstört, oder es hängt heute als Beutekunst an der Wand eines stillen Sammlers. Zu bewundern sind einzig Reproduktionen. Sind sie auch nicht das Original, so lösen sie beim Betrachten genauso die Verzweiflung und Trauer aus, die Marc auf dem Schlachtfeld empfunden haben muss – aber auch die Hoffnung auf bessere Tage für die blauen Pferde, wo immer sie sein mögen.

»Wie armselig seelenlos ist unsere Konvention, Tiere in eine Landschaft zu setzen,
die unseren Augen zugehört, statt uns in die Seele des Tieres zu versetzen, um dessen
Bilderkreis zu erraten.« *Franz Marc (1880–1916)*

111__ Valegro

Ein letzter Tanz zum Abschied

Eleganz, Leichtigkeit und jugendliche Unbeschwertheit – mit diesen Attributen erreichten der Wallach Valegro und seine britische Reiterin Charlotte Dujardin alles, was es im Dressursport zu gewinnen gibt.

Zu Anfang hatte nichts auf diesen Erfolg hingedeutet. Der englische Reitstallbesitzer Carl Hester kaufte den jungen Valegro für nur 3.500 Pfund und begann ihn auszubilden. 2007 gab er Blueberry, wie er Valegro nannte, in Dujardins Hände. Er erkannte das Talent der jungen Frau, die damals in seinem Stall aushalf, um sich ihre Reitstunden zu finanzieren. Valegro, das braune niederländische Warmblut, im Jahr 2002 in Holland gezüchtet, ließ sich ganz auf seine feinfühlige Reiterin ein. Nach nur drei Jahren gewann das Traumpaar Dujardin / Valegro die britische Dressurmeisterschaft. Von da an ging es steil bergauf. Sie holten Gold bei den Olympischen Spielen in London 2012, ein Jahr später Gold bei der Europameisterschaft, 2015 wurden sie Weltmeister und toppten ihren Erfolg mit erneutem Gold bei den Olympischen Spielen in Rio. Dazu brachen sie mehrere Weltrekorde.

Jedes Mal wenn ein potenzieller Käufer Hester für viel Geld Valegro abkaufen wollte, antwortete dieser, er könne das Charlotte nicht antun. Der Verkauf würde ihr das Herz brechen.

Valegro wurde 2016 bei der »Olympia London Horse Show« offiziell vom Dressursport verabschiedet. Die Menschen standen in den Rängen, applaudierten frenetisch und vergossen die eine oder andere Träne bei Valegros letztem Tanz auf dem Sandplatz. Charlotte Dujardin hielt sich tapfer und blickte zu Recht stolz auf die Erfolge zurück, die sie mit ihrem Liebling erreicht hatte. Ein würdiger Abgang für ein Pferd, das mit seinem Wesen und seiner Eleganz die Zuschauer verzauberte und bewies, dass wahrer Erfolg nur durch echte Teamarbeit, gegenseitigen Respekt und Rücksicht zwischen Pferd und Reiter zu erreichen ist.

Monika Mansour
111 mystische Orte in der Schweiz, die man gesehen haben muss
ISBN 978-3-7408-0139-7

Robert Preis
111 schaurige Orte in der Steiermark, die man gesehen haben muss
ISBN 978-3-7408-0445-9

Elke Pistor
111 Katzen, die man kennen muss
ISBN 978-3-95451-830-2

Maria Teresa Carbone
111 Hunde, die man kennen muss
ISBN 978-3-7408-0477-0

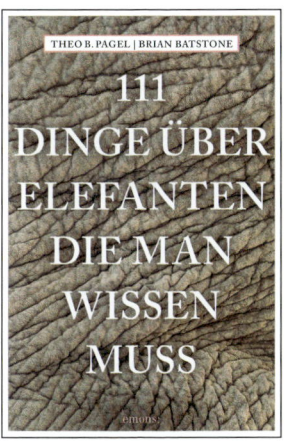

Theo Pagel, Brian Batstone
**111 Dinge über Elefanten,
die man wissen muss**
ISBN 978-3-7408-0349-0

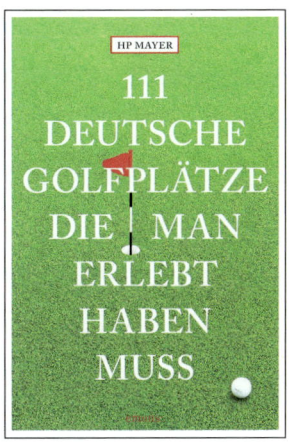

HP Mayer
**111 deutsche Golfplätze,
die man erlebt haben muss**
ISBN 978-3-7408-0387-2

Oliver Buslau
**111 Werke der klassischen
Musik, die man kennen muss**
ISBN 978-3-7408-0236-3

Martin Schüller
**111 Tipps und Tricks,
wie man einen verdammt
guten Krimi schreibt**
ISBN 978-3-7408-0460-2

Klaudia Blasl
111 tödliche Pflanzen,
die man kennen muss
ISBN 978-3-7408-0441-1

Sina Beerwald
22 Touren auf Sylt, die
man gemacht haben muss
ISBN 978-3-7408-0350-6

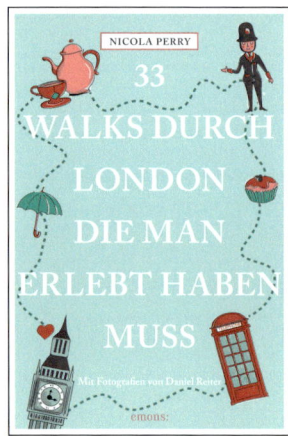

Nicola Perry, Daniel Reiter
33 Walks durch London,
die man erlebt haben muss
ISBN 978-3-7408-0136-6

Bernd Franco Hoffmann, Anton Luhr
111 Eisenbahnorte im Rheinland,
die man gesehen haben muss
ISBN 978-3-7408-0344-5

Martin Droschke, Norbert Krines
111 deutsche Craft Biere,
die man getrunken haben muss
ISBN 978-3-7408-0338-4

Astrid Süßmuth
111 Spukorte in und um München,
die man gesehen haben muss
ISBN 978-3-7408-0336-0

Carsten Sebastian Henn,
Tobias Fassbinder
111 deutsche Weine, die man
getrunken haben muss
ISBN 978-3-95451-465-6

Fede & Tinto
111 Weine aus Italien, die
man getrunken haben muss
ISBN 978-3-95451-861-6

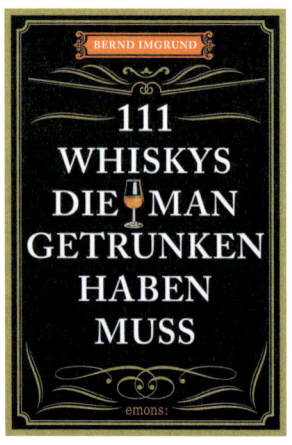

Bernd Imgrund, Tobias Fassbinder
**111 Whiskys, die man getrunken
haben muss**
ISBN 978-3-7408-0242-4

Christina Gruber, Gerhard Schmidt,
Thomas Schildmann
**111 Drehorte berühmter Filme &
Serien in Nordrhein-Westfalen**
ISBN 978-3-95451-928-6

Kirstin von Glasow
**111 Coffee Shops in London,
die man erlebt haben muss**
ISBN 978-3-95451-832-6

Thomas Fuchs
**111 deutsche Biere, die
man getrunken haben muss**
ISBN 978-3-95451-414-4

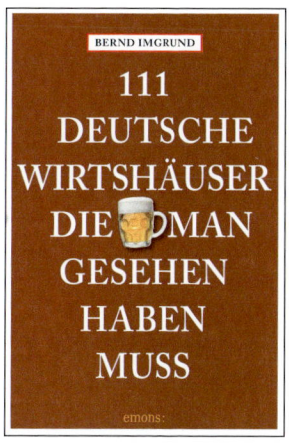

Bernd Imgrund
111 deutsche Wirtshäuser,
die man gesehen haben muss
ISBN 978-3-95451-080-1

Bernd Imgrund
111 Deutsche, die man kennen sollte
ISBN 978-3-95451-836-4

Ingrid Annel, Ulf Annel,
Juliane Annel
111 Museen in Thüringen, die
man gesehen haben muss
ISBN 978-3-95451-510-3

Rüdiger Liedtke
111 Kölner Meisterwerke,
die man gesehen haben muss
ISBN 978-3-95451-838-8

Fotonachweis:

Kap. 1: shutterstock.com/Svetlana Ryazantseva; Kap. 2: WikimediaCommons/Mike Lizzi; Kap. 5: shutterstock.com/Alfonso de Tomas; Kap. 6: mauritius images/Paul Fearn/Alamy; Kap. 7: shutterstock.com/Tanwa Kankang; Kap. 8: mauritius images/Paul Fearn/Alamy; Kap. 9: shutterstock.com/Vanessa von Rensburg; Kap. 10: shutterstock.com/Vera Zinkova; Kap. 11: Photograph provided courtesy of Denver International Airport; Kap. 12: flickr.com/Michael J. Scarfo, Jr.; Kap. 15: picture alliance/Photoshot; Kap. 16: mauritius images/United Archives; Kap. 17: mauritius images/The Picture Art Collection/Alamy; Kap. 18: shutterstock.com/JeremyRichards; Kap. 19: Wellcome Library no. 11281i/ Chiron and Achilles. Lithograph after J.B. Regnault; Kap. 20: flickr.com/Markus Hill; Kap. 22: shutterstock.com/HeiSpa; Kap. 23: mauritius images/Alamy; Kap. 25: picture alliance; Kap. 26: shutterstock.com/transnirvana; Kap. 28: shutterstock.com/Mikhail Pogosov; Kap. 31: shutterstock.com/Giorgia Scardoni; Kap. 32: shutterstock.com/Abramova Kseniya; Kap. 33: mauritius images/ Alamy; Kap. 34: mauritius images/Quagga Media/Alamy; Kap. 35: picture alliance/Sammlung Richter; Kap. 36: flickr.com/Jim Leuenberger; Kap. 37: shutterstock.com/jacglad; Kap. 38: shutterstock. com/zahariz khuzaimah; Kap. 39 unten: mauritius images/Alamy; Kap. 41: akg-images/picture-alliance/dpa; Kap. 42: © dpa – Fotoreport; Kap. 44: mauritius images/United Archives; Kap. 45: shutterstock.com/bluehand; Kap. 46: shutterstock.com/Anastasija Popova; Kap. 47: mauritius images/United Archives; Kap. 48: shutterstock. com/Fernando Cortes; Kap. 49: shutterstock.com/Stefan Holm; Kap. 50: mauritius images/Alamy; Kap. 51: shutterstock.com/DuxX; Kap. 52: mauritius images/Collection Christophel/Dreamworks/ Reliance Entertainment; Kap. 53: mauritius images/Rene Mattes; Kap. 54: shutterstock/Callipso; Kap. 55: mauritius images/Adrian Sherratt/Alamy; Kap. 56: shutterstock.com/ABB Photo; Kap. 57: © dpa – Report; Kap. 58: mauritius images/United Archives; Kap. 59: mauritius images/James Galvin/Alamy; Kap. 60: shutterstock.com/

Die Autorin

Monika Mansour, geboren 1973 in der Schweiz, liebte schon als Kind spannende Geschichten. Nach einer Lehre ging sie auf Reisen und verbrachte mehrere Monate in Australien, Neuseeland und den USA. Danach arbeitete sie am Flughafen, führte eine Whiskybar und war Tätowiererin. 2014 erfüllte sich ihr Traum vom Leben als Schriftstellerin. Sie lebt mit ihrem Mann und ihrem Sohn im Luzerner Hinterland. www.monika-mansour.com